高等职业教育 烹饪工艺与营养 专业教材

冷菜工艺

主　编	沈　晖	孟祥忍	罗来庆		
副主编	姚　远	陈华金	许　磊	赵　诚	
	邹　银	刘　湘	张子桐		
参　编	罗树峰	陈建烨	李瑜林	冯爽婷	
	朱郭同	王　瑶	徐　艳	韩　波	
	张桂云	王　浩	李　网	张	
	张　威	吴　可	蒋恒涛		

重庆大学出版社

内容提要

《冷菜工艺》以任务为主线，分6个部分介绍冷菜的理论知识与实践技能，分别为冷菜认知、冷菜制作、冷菜拼摆的刀工、冷菜拼摆基础、冷菜拼摆实例、主题冷盘设计。本书理论与实践相结合，知识与能力贯通；体系完整，内容丰富，实用性强；图文并茂，文字通俗易懂。本书既适合烹饪专业高职、中职学生使用，也适合烹饪专业其他层次的学生使用。

图书在版编目（CIP）数据

冷菜工艺 / 沈晖，孟祥忍，罗来庆主编. -- 重庆：重庆大学出版社，2023.8
高等职业教育烹饪工艺与营养专业教材
ISBN 978-7-5689-4033-7

Ⅰ.①冷… Ⅱ.①沈… ②孟… ③罗… Ⅲ.①凉菜—制作—高等职业教育—教材 Ⅳ.①TS972.114

中国国家版本馆CIP数据核字（2023）第145401号

高等职业教育烹饪工艺与营养专业教材
冷菜工艺
主　编　沈　晖　孟祥忍　罗来庆
策划编辑：沈　静
责任编辑：杨育彪　　　版式设计：沈　静
责任校对：关德强　　　责任印制：张　策
*
重庆大学出版社出版发行
出版人：陈晓阳
社址：重庆市沙坪坝区大学城西路21号
邮编：401331
电话：（023）88617190　88617185（中小学）
传真：（023）88617186　88617166
网址：http://www.cqup.com.cn
邮箱：fxk@cqup.com.cn（营销中心）
全国新华书店经销
重庆升光电力印务有限公司印刷
*
开本：787mm×1092mm　1/16　印张：11　字数：277千
2023年8月第1版　　2023年8月第1次印刷
印数：1—3 000
ISBN 978-7-5689-4033-7　定价：49.00元

P R E F A C E
前 言

　　餐饮类专业担负着培养能够从事餐饮服务、烹调制作、餐饮管理等工作的复合型技术技能人才的重任，需要培养学生坚定的理想信念，使学生德、智、体、美、劳全面发展，具有一定的科学文化水平，良好的人文素养、职业道德和创新意识，精益求精的工匠精神，较强的就业能力和可持续发展的能力，掌握本专业知识和技术技能。

　　冷菜工艺课程是餐饮类专业的一门核心课程，能够体现当下的职业教育思想，具有比较鲜明的专业教学特色，同时本课程也能恰当运用现代教学技术、方法与手段，体现信息化教学，教学效果显著，具有示范和推广作用。

　　冷菜工艺课程是针对某一个项目（如冷菜认知、冷菜制作、冷菜拼摆的刀工、冷菜拼摆基础、冷菜拼摆实例、主题冷盘设计），引出冷菜工艺基础知识，再根据任务的设计进行实践制作。冷菜工艺课程涉及烹饪专业教学中的原料学、烹饪基础、冷盘设计、烹饪工艺美术等相关知识。冷菜工艺课程体现了烹饪职业教育教学改革的方向，将理论与实践相结合，由浅入深地进行讲解，能够培养学生探究学习、终身学习、分析问题和解决问题的能力，以及良好的语言、文字表达能力和沟通能力。根据党的二十大精神，全面贯彻党的教育方针，落实立德树人根本任务，在本书中融入爱国主义情怀和工匠精神，将思政教育贯穿于专业课教学全过程。

　　本课程通过对冷菜的认知和制作及拼摆技术两大类进行讲解，让学生易于接受，烹饪专业人才培养的目的就是要提高学生的综合素质水平，具有实践能力强的特点。冷菜工艺课程是一门操作性较强的专业课程，能对学生的未来职业生涯规划起到一定的教育作用。

　　冷菜工艺课程在传统冷菜知识的基础上进行了提升及拓展。这门课程的操作性较强，学生是实训的综合体，是对冷菜知识、冷菜拼摆的了解和具体实施者，还是检验成果的试金石。专业烹饪教师不仅要具有正确的人生观和价值观，还要有敬业精神、团队精神和创业精神及现代服务意识，更要有良好的社会公德和职业道德，这样才能为人们提供适合时代风尚的冷菜组合。

　　本书由江苏旅游职业学院沈晖、扬州大学旅游烹饪学院孟祥忍、江苏食品药品职业技术学院罗来庆担任主编。具体编写分工如下：江苏旅游职业学院姚远、许磊，扬州生活科技学校陈华金，四川商务职业学院刘湘，深圳市第二职业技术学校张子桐担任副主编并负责模块1冷菜认知、模块2冷菜制作的编写；杭州市西湖职业高级中学赵诚、江苏省丹阳中

等专业学校邹银负责模块3冷菜拼摆的刀工的编写；江苏旅游职业学院罗树峰、陈建烨、李瑜林、冯爽、王瑶负责模块4冷菜拼摆基础的编写；江苏省淮阴商业学校徐艳，芜湖高级职业技术学校朱郭同，儋州中等职业技术学校韩婷负责模块5冷菜拼摆实例的编写；山东省威海职业学校张威，扬州市经济技术开发区周信教育咨询服务工作室吴可，江苏省相城中等专业学校蒋恒涛，浙江省绍兴技师学校张桂云、王浩、李网，泰安技师学院张波负责模块6主题冷盘设计的编写。

由于编者水平有限，书中不足之处在所难免，恳请同行专家、读者批评指正。

编　者
2023年3月

目 录

模块1　冷菜认知

任务1　冷菜认知 2
任务2　冷菜基础 8

模块2　冷菜制作

任务1　生制冷吃 18
任务2　熟制冷吃 42

模块3　冷菜拼摆的刀工

任务1　直刀轻切 63
任务2　直刀重切 66
任务3　批、拍、剁3种刀法 68
任务4　小滚料切 72
任务5　其他刀法 73

模块4　冷菜拼摆基础

任务1　冷菜拼摆的色彩设计 77
任务2　冷菜拼摆的造型设计 85
任务3　冷菜拼摆的基本法则 106

模块5　冷菜拼摆实例

任务1　一般冷盘的拼摆 114
任务2　花式冷盘的拼摆 118

模块6　主题冷盘设计

任务1　庆功类主题冷盘 149
任务2　祝寿类主题冷盘 155
任务3　节日类主题冷盘 157
任务4　迎宾类主题冷盘 162
任务5　其他类主题冷盘 164

参考文献 170

模块1

冷菜认知

模块描述：模块1为教材开篇，对冷菜进行总体介绍，包括冷菜的概念、冷菜的渊源、冷菜的地位、冷菜的作用、冷菜的任务、冷菜的特性、冷菜的特点、冷菜的制作流程、冷菜的烹调方法、冷菜的装盘和花色冷盘等。

教学目标：

终极目标：掌握冷菜的基础理论知识，对冷菜的全貌有一定的了解。

过程目标：冷菜的概念、冷菜的渊源、冷菜的地位、冷菜的作用、冷菜的特性、冷菜的特点、冷菜的制作流程、冷菜的烹调方法、冷菜的装盘和花色冷盘。

任务分解：

任务1 冷菜认知

任务2 冷菜基础

任务1　冷菜认知

[学习目的]

通过本任务的学习，要求学生对冷菜有基本的了解和认知。

[教学方法]

讲授、情境教学、图片展示。

[任务驱动]

作为学习冷菜的起点，本任务首先要知道什么是冷菜，冷菜有什么作用，冷菜和热菜有什么基本的区别以及冷菜的独特美和技术要求。

[课程思政拓展点]

国家富强，民族自豪感

案例1　在授课过程中，教师带领学生学习认识烹调涉及的食材原料，正确认识地大物博的中国烹饪原料的多样性、复杂性、珍贵性，深刻理解中国博大精深的饮食文化内涵，增强学生的民族自豪感，鼓励学生为国家建设和繁荣贡献力量。

案例2　结合花色冷盘教学，通过冷拼教学，选定特定主题，制作特定主题的冷拼菜肴，如山川风物、奇林怪石、花鸟虫鱼、飞禽走兽、名胜古迹、壮丽山河，使学生以烹饪冷拼菜肴为载体感受祖国的山水之美、人文之美及生态之美，在潜移默化中提升审美能力，寓教于乐，增强学生的自豪感。

案例3　大国工匠，注重学生对烹饪实训实操技能的训练，重视对烹饪实训中基本功的锻炼和塑造，刻苦强化技能本领，注重德技并修，为国家的发展富强刻苦努力锻造本领，强化技能，注重对工匠精神的追求，耐得住寂寞，为实现国家的物质精神双重富强、实现伟大的中国梦贡献力量。

[知识链接]

1.1.1　冷菜的概念

冷菜，各地称谓不一，南方多称冷盆、冷盘或冷碟、冷拼等；北方则多称凉菜、凉盘或冷荤等。相比之下，南方习惯于称"冷"；而北方则更习惯于称"凉"。如果不从文字角度理解，而出于习惯或作为人们的生活用语，它们之间并没有区别，都是与热菜相对而言的。

冷菜，就是将经过初步加工的冷菜原料调制成在常温下可直接食用，并加以艺术拼摆以达到特有美食效果的菜品。

冷菜也叫冷荤、冷拼，是菜品的组成部分之一，是各类宴席必不可少的。

冷菜之所以叫冷荤，是因为饮食行业多用鸡、鸭、鱼、肉、虾及动物内脏等荤料制作，故而叫冷荤。冷拼是冷菜制作好后，要经过冷却、装盘，如双拼、三拼、什锦拼盘、平面什锦拼盘、高装冷、花色冷盘等。

冷菜冷食不受温度限制，时间久了滋味不受到影响，是理想的饮酒佳肴。冷菜常以第一道菜入席，很讲究装盘工艺，其优美的形、色对整桌菜肴的评价有着一定的影响。特别是一些图案装饰冷盘，以具有欣赏价值的华彩，使人心旷神怡，兴趣盎然，不仅诱发食欲，对活跃宴会气氛也起着锦上添花的作用。

冷菜还可以看作开胃菜，是热菜的先导，引导饮食人们渐入佳境。所以，冷菜制作的口味和质感有其特殊的要求。冷菜的拼摆也是一项专门的技术。

1.1.2　冷菜的渊源

在烹饪技艺中，冷菜制作是我国烹调技术中的一朵奇葩，是历代厨师长期实践的结晶。早在宋代，我国就出现了大型风景"辋川图小样"。"辋川图"中有山水、花卉、庭园、馆舍……风景秀丽，环境幽雅。技艺超群的女厨师梵正，用腌鱼、炖肉、肉丝、干肉、酱瓜、蔬菜等原料，创造性地用20个独立成景的小冷盆有机地构成"辋川别墅"的奇丽之景，成为烹饪史上流传千古的佳话。经过漫长的历史沿革，发展到今天，冷菜技艺之花，更是争奇斗艳，千姿百态，一目不可尽收。

1.1.3　冷菜的地位

冷菜在中国烹饪中的地位自成一体、独具一格。按照上菜的规矩，在我国许多地区一般都是先上冷菜。由于冷菜是宴席上的第一道菜，因此冷菜又有头菜、冷前菜、迎宾菜的提法，并素有菜肴以首席菜的资格入席起着引导作用，尤其是一些具有食用和观赏价值的花色冷盘，更使人清新爽快。俗话说：良好的开端等于成功了一半。如果迎宾菜能让赴宴者在视觉上、味觉上和心理上都感到愉悦，获得美的享受，顿时会气氛活跃，宾主兴致勃发，这会促进宾主之间感情交流及掀起宴会的高潮，为整个宴会奠定良好的基础。反之，低劣的冷菜，则会令赴宴者兴味索然，甚至使整个宴饮场面尴尬，宾客扫兴而归。

不仅如此，冷菜还可以独立成席。由此可见，冷菜是必不可少的菜品。无论是著名的"满汉全席"，还是高级宴会或便宴，不能没有冷菜，在某些高等宴席上冷菜的数量几乎接近热菜。在冷餐酒会中，冷菜贯穿宴饮的始终，并一直处于"主角"地位，可谓是"独角戏"。如果冷菜在色彩、造型、拼摆、口味或质感上，哪怕某个方面有一点小小的"失误"，其他菜式都无法出场"补台"，并且这始终都影响着赴宴者的情绪及整个宴会的气氛。

1.1.4　冷菜的作用

冷菜类别繁多，讲究色型，富于变化，宜于佐酒。无论宴席、便餐、小聚、零食，均离不开它，历来深受人们的喜爱。冷菜在促进旅游事业的发展，以及在繁荣经济、活跃市场、丰富人们的生活方面也有不可估量的影响和作用。冷菜具有味道丰富、干香少汁、地方特色明显、方便携带等特点。所以，作为旅游食品，冷菜深受广大旅游者的喜爱。再者，由于冷盘造型美观、色彩鲜艳、香味浓郁，饮食业的橱窗一般都用色型美观、香味浓郁的冷菜装饰，不仅诱人食欲，而且展现了厨师技艺，体现了市场的繁荣景象。餐厅、饭店、酒馆、小食店、摊点，经营冷菜者甚多，在饮食业的菜品销量中，冷菜占有相当大的比例。因此，冷菜在繁荣经济、活跃市场、丰富人们生活中发挥了重要作用。

1.1.5　冷菜的任务

随着人们生活水平的日益提高，旅游事业的蓬勃发展，冷菜面临着两个方面的重要任务。一方面，要继承和发扬传统的冷菜烹饪技艺，使它向更高的水准发展，不断创新，更好地为人们的生活服务；另一方面，要研究如何发挥冷菜携带方便、保存时间较长的特点，革新冷菜品种，向"快餐"的方向发展，更好地为旅游事业服务。

1.1.6　冷菜的特性

冷菜作为完全独立并颇具特色的一种菜品类型，一般来说，具有以下特性。

1）冷菜易保存

冷菜是在常温下食用的一种菜品，其风味不像热菜那样易受温度的影响，它能承受较低的冷却温度。从这一点而言，在一定的时间范围内，冷菜能较长时间地保持其风味特色。冷菜的这一特性恰恰符合宴饮缓慢节奏的需要。

2）冷菜易造型

冷菜制作和冷盘拼摆所用原料大多干爽少汁，因此，冷菜比热菜更便于造型，更富有美化，装饰制约较小。冷菜容易造型的特性，在花色冷盘中充分得以运用和体现。

3）冷菜具有配系统一性

冷菜一般是多样菜品同时上桌，与热菜相比更具有配系的多样统一性。一组冷菜是一个整体，相互配合性更为紧密和明显。

4）冷菜具有严格的卫生要求

冷菜原材料经过切配拼摆装盘后，即可提供给客人直接食用。冷菜往往是先加热，后切配装盘，因此，冷菜比热菜更容易被污染，需要更为严格的卫生环境、设备与卫生规范化操作。

1.1.7　冷菜的特点

冷菜的特点是色、香、味、形俱佳和品种繁多、口味多样、切配手法独特。集中表现在：色彩光亮、造型美观；脆嫩鲜香、味透肌里；刀工整齐、厚薄一致；多为先烹调后切配。下面从冷菜的色、香、味、形、器5个方面分述冷菜的特点。

1）色

冷菜的色彩对于用餐者的心理来说，有着不可忽视的作用，能够较为准确地反映出其心理状况。随着季节的变化，用餐者对冷菜的色彩有着不同的心理感受。为顺应这一季节的心理变化，冷菜通常在夏季多用冷色调菜品，冬季多用暖色调菜品。

中国有这么一句饮馔名言，叫作"适口者珍"。冷菜的色彩是为了突出口味美这个主题。橘红色的果味鱼丝、茄汁鸡卷，品尝时口腔中便会产生酸甜之感；酱红色的酱汁排骨、玫红色的叉烧肉，品尝之时可产生醇厚的感觉；白玉色的炝虾仁、拌笋尖，就会有鲜、嫩的联想；碧绿的开洋拌芹菜、炝豆苗，给人以新鲜、爽口的感觉。

在冷菜制作过程中，单拼冷盘以原料固有的色彩为主，如盐水鸭、熏鱼等。双拼冷盘则以原料的两种不同色彩的配合，使其色彩分明，达到活泼、明快的效果。例如，盐水鸭拼卤香菇、葱油海蜇拼熏鸡等。三拼冷盘是将3种冷盘原料拼成馒头形，3种原料各占1/3，角度各占120°，例如盐水虾、油鸡、卤鸭肫拼摆成三色冷拼。

2）香

热菜的香味是随着热气扩散在空气中为人所感知的。而冷菜的香则必须在咀嚼时才为人所感觉。所谓"越嚼越香"，它要求香透肌里。冷菜的香通常有干香、醇香、清香、鲜香、糟香等。

①干香。冷菜原料在烹调前的腌制以及烹调后卤汁渗透到原料内部所致。这其中，香料的选用起了很大的作用。通常选用桂皮、小茴香、八角、丁香、花椒等具有浓郁香味的调料。另外，在用卤上也颇为讲究，以"老卤"为佳，卤汁愈陈香味愈浓郁。此类冷菜品种有酱鸭、生烤鸡翅、油爆虾、五香牛肉等。

②醇香。冷菜原料烹至七成熟时，用旺火收浓卤汁，使卤汁中的绍酒、糖、醋等调味料充分渗透到原料内部所形成的醇浓香味，如酱汁排骨等。利用酒醉方法制成的冷菜，产生的鲜美异常地香，也是醇香，如醉鸡、醉虾等。

③清香。多来自凉拌菜。原料大多选用时令蔬菜，突出其基本味，以盐、糖、味精、麻油等为基本调味料，如凉拌菊叶、蓑衣黄瓜等。

④鲜香。来自质嫩原料本身的味道，如鸡丝、鱼丝等。调料以葱、姜、料酒、盐、麻油为主，以保证其基本味不失，如盐水虾、炝鸡丝、豆叶鱼丝等。

⑤糟香。冷菜原料在糟卤中浸泡一定时间后，所产生的一种入口浓郁的奇香，如香糟笋尖、糟鸭等。

3）味

冷菜的味，以其多样而令人称赞，主要有咸鲜、麻辣、五香、蒜泥、棒棒、陈皮、红油、茄汁、糖醋、咖喱、果汁、鱼香、芥末、麻酱、葱油、姜汁、椒麻、怪味等。其调制方法简述如下。

①咸鲜。白酱油、盐、味精、麻油，加适量清汤调制而成。特点是清淡爽口。

②麻辣。辣椒酱、花椒末、红酱油、醋、糖、味精、盐调制而成。特点是麻辣味重，略带回甜。

③五香。八角、草果、桂皮、甘草、丁香等香料，加酱油、糖、盐、味精、料酒、麻油、清汤调制而成。特点是香味浓郁。

④蒜泥。蒜泥、酱油、糖、盐、味精、麻油，加清汤调制而成。特点是蒜香扑鼻，开胃。

⑤棒棒。芝麻酱、酱油、醋、盐、味精、糖、葱花、红油（辣油），加清汤调制而成。特点是酸、甜、辣、香。

⑥陈皮。陈皮末、干辣椒末、花椒末、盐、糖、红油、葱花、姜末，加适量清汤与主料加热而成。特点是麻辣鲜香，陈皮味浓。

⑦红油。芝麻酱、酱油、醋、糖、花椒末、辣椒酱炼制的红油，加盐、味精调制而成。特点是辣、香、味浓。

⑧茄汁。番茄酱、料酒、糖、醋、盐、味精、蒜泥、姜末适量，加少许清汤，与主料加热后而成。特点是茄汁味厚、酸甜可口。

⑨糖醋。白糖、醋、盐、味精、麻油、葱花、姜末，加热后调制而成。特点是甜、酸。

⑩咖喱。咖喱粉、盐、味精、洋葱末、麻油，与原料加热而成。特点是咸、鲜、辣、香。

⑪果汁。果酱、白糖、醋、盐、味精，加适量水，加热后而成。特点是果味浓郁，酸甜可口。

⑫鱼香。姜末、蒜泥、葱花、糖、醋、酱油、豆瓣酱、麻油、红油调制而成。特点是酸、甜、咸，姜、葱、蒜香浓郁，有鱼香感觉。

⑬芥末。芥末粉加清汤调匀后，放入盐、味精、白醋、麻油调制而成。特点是香、辣，香味冲鼻。

⑭麻酱。芝麻酱加麻油调开后，放入盐、味精、糖调制而成。特点是咸鲜、酱香。

⑮葱油。麻油烧热后，投入葱花，加入盐、味精、糖调制而成。特点是咸鲜、葱香。

⑯姜汁。生姜去皮，捶成蓉后取汁，加入白酱油、醋、味精、盐、麻油、清汤调制而成。特点是鲜香、爽口。

⑰椒麻。花椒和葱斩蓉，加醋、麻油、白酱油、味精、精盐调制而成。特点是麻、香、咸鲜。

⑱怪味。糟辣椒、芝麻酱、胡椒粉、香醋、味精、蒜泥、姜末、葱花、红油、麻油调制而成。特点是咸、甜、麻、辣、酸俱全，味厚。

4）形

冷菜多为先烹调后切配，讲究刀工自不待言，其形更是至关重要。冷菜的形应根据冷菜原料、用餐者和餐具的不同，采取不同的外观造型，通过其外形的表现，反映出丰富的内容。

一个普通的单拼冷盘的造型通常有以下4种：圆台形、螺旋形、圆锥形和堆形。无论采用哪种造型，都要做到饱满而不堆砌、爽目而不干瘪。具体介绍如下。

①圆台形。多用于大块方正的、形体整齐的原料的造型。用碎料垫在盘底，最后复入刀面，例如水晶肴蹄、白切肉等。

②螺旋形。多用于圆形、圆条形原料的造型，如盐水虾、香肠等。原料由盘底圈起，逐层缩小，封顶后便成。

③圆锥形。多用于碎状原料的造型，如香菜拌花生米等。这种造型没有刀面，应尽量使其整齐。

④堆形。多用于禽类原料的造型，如卤鸡、酱鸭等。采用这种造型时，要注意刀面的整齐和对称的均匀。

双拼冷菜的造型主要有对称形、叠围形和排围形3种。

①对称形。将两种冷菜原料切配成两个半圆形，对称地拼摆在盘中，如盐水鸭和油爆虾等。

②叠围形。将一种冷菜切制成片，在盘沿一片一片排围整齐，盘中放置另一种冷菜原料，如卤猪舌和鱼松等。

③排围形。将一种原料切制成墙垛形、菱形或燕尾形等形状，在盘沿排摆整齐，盘内放入另一种冷菜原料，如水晶肴蹄和炝糟鸡丝等。

5）器

器，即餐具，对菜肴的美观有极大的衬托作用。盛器的选择，主要以其外形是否与原料切配后的形状、图案协调，是否使色彩和原料的色彩和谐来决定。

冷菜切配完成后，餐具选用要恰当，能够借以烘托气氛，使菜肴增色，增进食欲；反之，则使人产生厌恶和反感情绪。因此，盛器的选用在烹调中很有讲究。

一般来讲，冷菜的颜色较深，就应选择浅色盘盛装，以减轻菜的色暗程度。冷菜的颜色较浅，就应用深色盘盛装，以衬托菜的色泽明亮。

1.1.8 冷菜与热菜的区别

1）烹制顺序的不同

许多冷菜的烹调方法是热菜烹调方法的延伸、变革和综合运用，但又具有自己的独立特点。最明显的差异是热菜制作有烹有调，而冷菜可以有烹有调，也可以有调无烹。热菜烹调讲究一个"热"字，越热越好，甚至到了台面还要求滚沸；而冷菜却讲究一个"冷"字，滚热的菜须放凉之后才装盘上桌。

冷菜与热菜相比，在制作上除了原料初加工基本上一致，明显的区别是前者一般是先烹调，后刀工，而后者则是先刀工，后烹调。

2）菜肴形状的不同

热菜一般是利用原料的自然形态或原料的切割、加工复制等手段构成菜肴的形状；冷菜则以丝、条、片、块为基本单位组成菜肴的形状，并有单盘、拼盘以及工艺性较高的花鸟图案冷盘之分。

3）调味方法的不同

热菜调味一般都能及时出效果，并多利用勾芡使调味分布均匀。冷菜调味强调"入味"，或是附加食用调味品。热菜必须加热才能使原料成为菜品，冷菜有些品种不需加热就能成为菜品。热菜是利用原料加热以散发热气使人嗅到香味，冷菜一般讲究香料透入肌里，使人食之越嚼越香，所以素有"热菜气香""冷菜骨香"之说。

4）季节时令的不同

冷菜和热菜一样，其品种既有常年可见，也具四季有别。冷菜的季节性以"春腊、夏拌、秋糟、冬冻"为典型代表。这是因为冬季泡制的腊味，需经一段"着味"过程，只有到了开春时食用，始觉味美。夏季瓜果蔬菜比较丰盛，为凉拌菜提供了丰富的原料。秋季的糟鱼是增进食欲的理想佳肴，冬季气候寒冷时有利于羊羔、冻蹄烹制冻结。可见冷菜的季节性是随着客观规律变化而形成的。现在也有反季供应的冷菜，有时冬令品种放在盛夏供应，更受消费者欢迎。

5）风味质感的不同

冷菜的风味、质感也与热菜有明显的区别。从总体来说，冷菜以香气浓郁、清凉爽

口、少汤少汁（或无汁）、鲜醇不腻为主要特色。冷菜具体又可分为两大类型：一类是以鲜香、脆嫩、爽口为特点；一类是以醇香、酥烂、味厚为特点。前一类的制法以拌、泡、腌为代表，后一类的制法则由卤、酱、烧等代表，它们各有不同的内容和风格。

 任务2　冷菜基础

[学习目的]

通过本任务的学习，要求学生对冷菜的制作工艺、烹调方法以及分类有基本的了解和认知。

[教学方法]

讲授、理实一体。

[任务驱动]

作为学习冷菜的制作认知部分，本任务首先要求学生明白冷菜的制作要求、冷菜的烹调方法、冷菜的装盘以及冷菜的分类。

[课程思政拓展点]

文明意识

案例1　理论课程教学，学生进入课堂，保持好课堂纪律，维持良好的课堂秩序，在任何场合都需要注意秩序，文明从身边小事做起。

案例2　在烹饪实践操作过程中，注重实训室内的规范操作流程、进入实训室前的实训服着装规范，进入实训室遵守实训规定和纪律，严格按照操作规范及流程进行实训操作，文明开展实训演练，保证实训室卫生清洁，不给保洁阿姨增加工作量。

[知识链接]

1.2.1　冷菜的制作要求

冷菜制作过程大致为选料→初加工→烹调，或腌制→切配→装盘→点缀→上席。下面就冷菜的制作过程中每个环节的要求作简要叙述。

1）选料的要求

选料是制作任何一种菜肴首先要注意的问题，因为料选得好坏，是决定菜肴的风味、特色、形象美观的关键。制作冷菜，对原料的选用就更为考究。所以，必须根据菜肴的规格以及造型和图案的需要，认真合理地选用原料。高档菜肴选料要精细，一般菜肴选料也要认真，使选用的原料做到物尽其用，各施所长。如用家禽做原料时要选用当年的皮薄、肉嫩、肌肉组织丰满的肥嫩者；用瓜果、蔬菜做原料时要选用新鲜、色泽美观、表皮光滑、完好无缺者。根据冷菜造型的需要，还要对原料的色泽、形态、口味、质地等方面进行选择。如果着重于欣赏的，则要在原料的色泽上多考虑；如果着重于吃的，就要在质地、口味、品种上多费心思。

总之，选用的原料一般都要能食用，同时，尽量利用原料的本色美化菜肴的造型，使造型菜肴更能体现被造者形态的优美和真实。

2）初加工的要求

无论是制作冷菜还是热菜，初加工这道工序都是必需的，也是一个关键工序。冷菜初加工的方法和要求也各有不同。如制作"白斩鸡"的初加工，从宰杀、放血、煺毛直到开膛，都很讲究。它要求宰杀的刀口要小，血要放完，毛要煺尽，更不能损坏鸡的表皮，开膛最好在肋下小开。若违反了上述要求，则对制品成熟率和装盘等方面都有影响。再如对鱼、肉等要分档取料，尽量使原料完整，不能切得过碎，否则也会影响装盘。

3）烹调的要求

烹调决定着菜肴的口味特色，但是制作冷菜与制作热菜在烹调方法上是有区别的。制作冷菜最主要一点是在烹调之前，要对原料进行腌制。腌制过程要与烹调密切配合。常用于冷菜制作的烹调方法和制作方法近20种，有酱、卤、烤、熏、炸、烹、炝、拌、煮、焖、蒸、烘、盐焗、冻，以及醉、糟、腊、腌、风等。在烹调上除必须达到干香、爽口等要求外，还要做到味深入骨、香透肌里、咀嚼有味、品有余香，另外还要根据不同品种的要求，达到脆嫩、清香、少汤、少腻的要求。要达到这些要求，除准确地掌握火候和适当地运用调味料之外，还要把握住腌制这道工序。

4）切配与装盘的要求

切配与装盘是冷菜艺术造型的重要一环，它的成功与否，直接影响冷盘外观的艺术效果。一个冷菜装盘技术的体现，其一在刀工上，其二在造型艺术上。刀工，就是看原料在刀工处理后的厚薄大小是否一致；造型就是看原料在装盘后的形态是否美观。切配与装盘在制作冷菜的过程中是紧密相连的。因此，为了使冷菜达到预期效果，就必须了解和掌握刀工与装盘的要求和方法。

刀工，冷菜与热菜是通用的，而冷菜要比热菜更细致和讲究。热菜一般是先切配后烹调，切的多是生料。冷菜则是先烹调后切配，切的多是熟料，而且经刀工处理后的熟料要随即装盘上席。因此，制作冷菜时操作必须十分精细，要达到片片厚薄一致、块块大小相等，刀起刀落丝毫不乱。

制作冷菜的刀法，根据原料一般可分为垫底和盖面子两种，与制作热菜时切生料的刀法大致相同。至于制作花色冷盘中的花鸟龙凤等造型和图案的刀法、雕刻方法，既无一定规格，也无一定刀法，主要是靠烹调人员把经验、智慧、熟练的技术等能力加以巧妙地综合运用。

刀法中的滚料切，制作冷菜时使用得不多，但是切熟料与切生料也是不同的。熟料经过滚料切后就进行装盘，而且要整齐地堆叠，要求切块长薄而且均匀，形状像剪刀片。如"拌春笋""拌莴苣"，绝不能像切土豆块、萝卜块那样，又厚又短。

再如刀法中的批、拍法。热菜原料初加工时，批就是单独地批，就是批肉片，附带处理脆性原料时，也不用拍刀法。冷菜则不同，以白水煮熟的整鸡为例，它可以作为烧菜的原料，也可作为冷菜的白斩鸡，整鸡烧菜、冷菜均可改刀成鸡块，切成单一的鸡块就不行，而要采用"先批后拍"的刀法。该刀法就是将鸡先分成几大块后，再分别采用不同的刀法。特别是鸡脯和鸡腿这两个带骨的部位，往往作为装盘的最上层，因此必须先用正批刀法，从肌肉表层批到骨头，然后将刀竖直，左手半握拳在刀背上猛拍一下，切断骨头，并依次均匀地批、拍、切下去。这样加工后的鸡块，便可达到装盘的要求。

较为复杂的装盘还讲究把两种以上的不同颜色、不同口味、不同性质的原料用不同的刀法将其加工成型，再整齐地装入盘内。有的是经刀工处理后直接整齐地装入盘内；有的是经刀工处理后将原料逐片拼摆成型。总之，不管用哪种方法，都必须根据原料的特点和菜肴的要求选择适当的刀法，充分地发挥自我想象，巧妙地设计和搭配原料，使口味多样的原料色彩相映，让整个冷盘造型富于艺术性。

装盘过程中需要注意以下几个问题。

①注意颜色的配合和映衬。各种原料都有一定的颜色，在制作冷菜时，要从色彩的角度加以选择，并且在拼摆时注意各种颜色的有机搭配和衬托。一道冷菜如果仅用颜色相同或相近的原料拼摆而成，势必显得单调。如果使用多种颜色的原料，在拼摆时，未能将颜色进行合理的搭配，也不能达到和谐美观的效果。因此，只有选用具有多种颜色的原料，并在拼摆时合理排列，使各种色彩浓淡相间，互相映衬，才能使整个冷盘色彩鲜艳调和，给人以美的感受。菜肴色彩的搭配和画家用色不尽相同。画家可以根据需要把几种原色按照比例调和成多种需要的颜色，而制作冷菜却不能只把几种不同颜色的原料拼摆在一只盘子里，这样就显得色彩单调；如果在其间夹入其他色彩淡而鲜的原料，就能形成一个具有色彩美和构图美的冷盘。

②注意原料之间的口味搭配。在一只盘子里装上2~3种原料时，要避免它们之间相互串味（花色冷盘除外）。如带有卤汁的盐水鸭就不能与不带卤汁的香肠相拼，否则会改变香肠的本味。再如，带有盐卤的盐水大虾也不能与带有卤汁的卤鸭相拼，否则就会串味。口味搭配的原则是口味相近、性质类同的加工品可以拼制。如盐水大虾可与盐水鸭相拼，皮蛋可与水晶肴蹄相拼，香肠可与板鸭相拼等。

③注意原料之间的性质搭配。烹饪学上有这样一个原则，在一只盘子里或在同一类型的菜肴里（冷菜、炒菜、烧菜为3种类型），不能有相同的原料重复出现（特殊宴席除外）。一席桌上有4只冷盘（对拼或单拼），鸡、鱼、虾、蛋等分别只能出现一次。如果是10等份，那最好用10种原料或10种以上的原料拼制而成。如果拼制1只象形冷盘，需要配上几只陪衬碟，陪衬碟中的原料与象形冷盘的用料则可以重复，但陪衬碟本身之间不能有重复的原料。总之，选择的原料品种越多越好。

④拼摆的形式要基本一致。在同一席桌上如有4只冷盘出现，那么这几只冷盘拼摆的形式要基本一致。单拼就一致采用单拼；双拼就一致采用双拼；馒头式，就全部采用馒头式；桥梁式，就全部采用桥梁式。当然有时受原料的限制可以除外，但也尽量做到整体的统一性和完美感。

⑤选用恰当的盛器。古人云："美食不如美器。"盛器的形状同原料要拼摆的形状应该对称，盛器颜色与原料本身的颜色应协调，这对整个冷盘的外观都有很大的影响。如原料色淡的（白斩鸡）可装在花边盘里，原料色深的（酱鸡）可装在白色盘子里。花色冷盘应摆在有花边的大腰盘里；宫灯冷盘宜摆在白色大圆盘里；"孔雀开屏"最好选用白色大腰盘等。这样做可使拼摆原料的形态更为美观，色调更为和谐。总之，原料的颜色与盛器的花样如何搭配合适，在实际运用中要灵活掌握。

⑥注意营养成分的搭配。几乎每道菜的用料和烹调方法都不同，其营养成分也各不相同，因此，营养成分的适当搭配，不仅是热菜，也是冷菜制作必须注意的重要环节。这里所讲的营养成分搭配，主要指荤与素的搭配，其次是用料和烹调方法的搭配，也就是在运用多种原料拼制冷盘时，都要顾及鱼、虾、肉、蛋及蔬菜之间的营养问题。如什锦全盘，或几只单盘双拼等，都要按照这一原则拼制；否则将导致口味单调、营养成分不全面的情况发生。

5）点缀要求

点缀是装拼整个菜肴的最后一道工序，有画龙点睛的作用。通过点缀可以弥补在菜肴装盘上某一方面的不足，更主要的是可以增加菜肴的艳丽色彩和逼真造型。当然选料要精练，点缀也要恰到好处，切忌庞杂、啰唆，以致画蛇添足。如果菜肴色调清淡，可点缀一红花绿叶，使之对比鲜明；如菜肴色调较浓，可衬托一点白色或黄色花叶，使之显得素雅大方。点缀没有一定的格式，可根据每种菜的特点，具体情况具体对待。总之，点缀的目的是使冷盘给人以赏心悦目之感。

（1）点缀的形式

点缀的形式不是固定不变的，一般来说只要达到调节菜肴的色彩、增加菜肴的美观即可。严格来说，应根据冷菜的内容（包括造型），为每一种具体的菜加以适当的、切合实际的、与内容有联系的装饰。主要有如下两种点缀形式。

一种是普通的不拘形式的点缀。如白斩鸡或盐水鸭装盘后，用几片香菜叶覆盖其上，或用少许熟火腿末撒在上面，就能给人以色泽鲜艳的感觉。假如是皮蛋切成瓜瓣形装盘后，用少许火腿末或蛋松点缀，四周再用香叶陪衬，整道菜肴如同一朵美丽的花盛在盘子中间。

另一种是结合菜肴拼摆的形式和内容，进行象形的点缀。如"花篮冷盘""蝴蝶冷盘"，以各种花卉衬托较为合适；"熊猫抱竹"，以动物衬托较为合适；"风景冷盘"，既可以用花卉、动物，也可用树木、山水作衬托等。概括地说，就是要通过形象化的点缀，使菜肴更能突出装盘的内容和艺术效果，给人以栩栩如生、身临其境的感觉。

（2）点缀的方法

点缀的方法是多样化的，根据菜肴的内容和所用的原料，一般可分为用模具平刻、用刀具雕刻和立体式堆叠3种形式。模具平刻，是用金属制成的各种不同形状的模具，一刻即可。这种方法使用起来较为方便，工作效率高，但灵动感不强，过于生硬。刀具雕刻（如用萝卜、南瓜等原料雕成的各种花卉、动物），好处是立体感强，缺点是工作效率低，要求操作人员要有一定的艺术素养和雕刻技术，同时食用价值也不一定高。立体式堆叠，就是通过采用零星原料，逐片、逐个、逐层次地堆叠成立体状或半立体状。这种方法用料较为广泛，原料成型后形象逼真，而且食用价值也比较高，因此，它在冷盘菜肴的点缀中别具一格，多被烹饪工作者采用。

6）卫生要求

俗话说，病从口入。卫生是制作所有菜肴都必须严格注意的大问题，特别是冷菜，对这个问题的要求尤为重要。冷菜受制作程序制约，经过切配后的原料不再烹调（高温消毒），有些甚至根本不经过烹调，而是腌制调味后就直接食用。因此在制作冷菜的过程中，一定要注意以下几个问题。

①要选用无虫咬、无污染的蔬菜，鲜活的水产、家禽、家畜等肉类作原料。

②对原料的使用在时间上要有控制，一般当天制作加工的原料当天使用，尽量做到不使用隔日的原料（糟、醉的除外）。

③在使用工具上，要严格执行生熟分开、用前消毒的原则（刀具、案板）。

④操作前工作人员的手要进行严格的洗涤和消毒。

⑤若有特殊菜肴需要调色，尽量采用自然色素，如绿菜汁、苋菜汁、咖喱粉以及鸡蛋黄等。如特殊情况需要使用色素时，应该严格按照国家颁布的有关卫生规定的使用标准进行。另外，冷菜的成品要生熟分开存放，并有防蝇、防尘措施。

冷菜在制作过程中特别讲究烹调技法、切配刀法、冷盆拼摆等。

1.2.2　冷菜装盘

冷菜装盘就是将烹制好的冷菜进行刀工美化整理装入盛器的一道工序。由于冷菜适合饮酒，常作第一道菜入席，它的形式组合和色泽搭配如何，对整桌菜肴的评价有着一定的影响，因此冷菜装盘很讲究工艺造型。

1）冷盘装盘的类型

冷菜装盘，根据实际需要，有单盘、拼盘和花色冷盘3种类型。

①单盘，就是只用一种菜肴装入一盘，又叫独碟或独盘。这是最普通的一种装盘类型。

②拼盘，就是用两种或两种以上菜肴原料装入一盘，具体又分为双拼（又称对镶）、三拼（又称三镶）以及什锦全盘等数种。双拼是用两种菜肴原料拼在一起；三拼是用3种菜肴原料拼在一起；什锦全盘则是用10种左右菜肴原料拼摆在一起，这是一种较高级的装盘类型。

③花色冷盘，就是用多种冷菜原料拼摆成花鸟等形象或各种美丽图案的装盘，又称为装饰图案冷盘。这是一种很讲究审美价值的装盘类型，一般多用于高级宴席。花色冷盘常见的有两种：一是以独立一只大冷盘入席；二是一只大冷盘配上几只小围碟（即小冷盘菜）入席，也有拼成四只花色小冷盘入席的。

2）冷菜装盘的式样

冷菜装盘根据具体情况和内容要求有以下几种样式。

①馒头式，即冷菜装入盘中，形成中间高周围较低，好像馒头，普遍用于单盘。

②合掌式，即冷菜装入盘中，形成中间高周围低，中间一条缝，以分开两味菜肴，其形好像两只手掌合在上面似的，一般多用于双拼。

③城垛式，即冷菜装入盘中，形成2个或3个立体长方形，并立于盘中，好像城墙上的两三座城垛，一般多用于双拼和三拼。

④桥梁式，即冷菜装入盘中，形成中间高，两头低，好像一座桥梁（古式的），一般多于双拼和三拼。

⑤马鞍式，即冷菜装入盘中，形成中间低两头高，像一具马鞍，一般多于双拼和三拼。

⑥花朵式，即冷菜装入盘中，摆成花朵状，一般多于双拼、三拼以及什锦全盘。双拼是以一味冷菜放中间作花蕊，另一味冷菜在周围摆成花瓣；三拼是将两味冷菜间隔地按花

瓣式摆在周围；如果是什锦全盘只换上大盘也可按此法处理。这种花朵形的式样比较讲究形式美，尤其是什锦全盘，已接近于花色冷盘，只是没有具体形象，工艺水平不够高。

⑦花色图案式，这是冷菜装盘在形、色方面工艺要求相当高的一种装盘形式，要求主题突出、形象生动。高级花色图案冷盘，还在周围配以小围碟，烘托主题，并提高食用价值。

3）冷菜装盘的技巧

冷菜装盘无论是单盘、拼盘还是花色冷盘，都应根据菜肴应有的形态或经过刀工处理后的丝、条、片、块等形状，适当运用3个步骤、6种手法和附加点缀等手法完成。

装盘的步骤：首先是垫底。冷菜经过刀工处理后，必须有一些零碎边料，先把这些零碎边料垫在盘底。接着是围边，也叫盖边，是将比较整齐的熟料，经刀工处理后，围在垫底边料周围。最后是盖刀面。最好选择质量好、刀工整齐、完美的熟料，用刀铲盖在冷盘的正中间，压住围边料上面，这样就能体现装盘的整齐美观。

装盘的手法：

（1）排：将熟料平排在盘中，一般是逐层叠成锯齿形。适合排用的熟料，都是些片、块原料，如肴肉、大腿肉等。

（2）堆：将一些刀工不规则的熟料如油焖笋、拌黄瓜等，堆法一般多用于单盘，要求下面大、上面小，形成宝塔状。

（3）叠：将切好的熟料，一片一片叠成梯形，也可以随切随叠。叠的熟料一般多是片状刀法，如白切卤猪舌等，叠成后多作盖刀面用。

（4）围：将切好的熟料排列在四周成环形，也可围一层或两层，围的中间配其他熟料，形成花形。

（5）贴：将切好的熟料贴在需要的部位。贴法一般多用于花色图案冷盘，先构成大体轮廓，再经刀工处理成各种形状并逐片贴上去，以构成美丽的图像。

（6）覆：将熟料整齐地排列好，然后铲于刀面再覆于盘中。也有先在碗中摆好，后翻扣在盘中。覆法可使装盘表面整齐美观大方。

附加点缀：是指在装盘工序完成之后，根据冷盘的具体情况，附加一些绚丽的点缀品。这些点缀品一般是以食物为主，诸如香菜、蛋松、火腿碎、姜丝以及黄瓜、胡萝卜、土豆等雕刻成的小型花鸟、鱼虫图案等。其目的是锦上添花或是弥补盘中内容的不足，以更好地突出主体，从而使装盘的工艺效果更加完善。在具体操作上，点缀应注意以下几点：

（1）凡是盘面上刀工整齐、形态可取的，其点缀品以放在盘边为好。反之，如果盘面上的刀工并不整齐好看，点缀品可放在上面以弥补其不足。

（2）凡是色泽质暗不够醒目的熟料，上面可以放点缀品，以增强绚丽宜人的感觉。反之，则宜放在盘边。

（3）凡是4只冷盘一道上席，其点缀应统一，不要将点缀一只放盘边一只放盘面，或将点缀一只盘放得多，一只盘放得少，这样就显得杂乱无章，缺乏整齐感。

（4）不论是盘面点缀还是盘边点缀，都应少而精，切忌画蛇添足。特别是花色冷盘，更应考虑点缀目的是要更好地突出主体，多了则会喧宾夺主，冲淡主体。

　　4）装盘的基本要求

　　（1）清洁卫生。冷菜有荤有素、有生有熟而且装盘后都是直接供人食用。因此，食品的清洁卫生尤为重要。应忌蔬菜与任何生鱼、生肉、生蔬菜接触，即使是必须配入的新鲜蔬菜的生料，如香菜、黄瓜、番茄、姜丝等都应经过消毒处理。操作前手洗干净，使用洁净的刀和砧板，严防污染。

　　（2）刀工整齐。冷菜一般多是先烹调后切配。不论是丝、条、片、块，各种形状都应注意长短、厚薄、粗细，做到整齐划一、干净利索，切忌藕断丝连。

　　（3）式样美观。冷菜多是以第一道菜入席。它的形状美否，对整桌菜肴的评价都有一定的影响。不论单盘、拼盘还是花色冷盘，也不论是馒头式、合掌式还是桥梁式都应美观大方。装饰图案冷盘，更应以形取胜，主题要突出，形象要生动。

　　（4）色调悦目。冷菜装盘在色调上处理得好，不仅有助于形状美，而且能体现内容丰富多彩。一般来讲，色泽相近的不宜拼摆在一起，如熏鱼和皮蛋同是偏黑色的，它们放在一起很不好看；白鸡和白肚都是白的，放在一起也不相宜。如果把它们隔开，色调就分明悦目。特别是用多种熟料的什锦全盘更应注意，否则，就不能显示冷菜的丰富多彩。

　　（5）用卤吻合。由于制作方法不同，有不少冷菜需要在装盘后浇上不同的调味卤汁。如白鸡、白肚、白切肉等，也有不用加任何卤汁的，如肉松、蛋松、香肠等。而卤汁的色泽一般有红白之分，质地上也有稠、稀之别。因而装盘时应注意将需加卤汁的相配在一起，不用卤汁的相配在一起，否则就会相互干扰，如蛋松、肉松沾上任何卤汁都会破坏滋味和质地。但有时为了强调色泽分别，或用多种熟料相配而造成用卤汁矛盾时，不宜在菜肴本身浇上卤汁，应另用调味小碟附上。

　　（6）合理用料。由于原料的部位、质地等不完全相同，有的可选作刀面料，如鸡脯肉、牛肉的腱子、水晶肴蹄等。边角料可用来垫底，如鸡翅、爪、颈等，做到物尽其用。

1.2.3　花色冷盘的装盘工艺

　　花色冷盘，又叫花色拼摆或象形拼盘，也称为图案装饰冷盘。它是将多种多样的生、熟冷菜料，在美学观点的指导下，结合冷菜的特点，采取形象化形式的特殊装盘方法。

　　拼摆花色冷盘，不仅要有娴熟的刀工，而且要具备一定的美术素养，也要像文学艺术家那样去体验生活，平时要多观察拼摆对象的真实形态，多注意有关绘画、雕塑等艺术中可为拼摆花色冷盘使用的有益的东西，借以吸取营养，以提高自己的美学知识。

　　拼摆花色冷盘，根据用料情况，一般分为飘形、堆形和结合形3类。飘形冷盘一般用料多侧重于追求形态和色彩，故而多浮于表面，内在质量不高，食用价值不大。像这种飘形冷盘，一般都需配上几只冷菜围碟，以弥补食用价值的不足。堆形冷盘，一般用料侧重于实惠，在注重实用价值的前提下，兼顾形态和色泽，故而可食性很高，一般常以独立的形式出现在席上。结合形拼摆四只花色冷盘同时上席，形、色美观，食用价值也大，如济南的"拼八宝"（四只盘中拼摆八样图形）、苏州的"四扇"（四个扇面形）、蚌埠的"四排围式"以及"四蝴蝶"等等。

　　1）构思

　　在拼摆花色冷盘之前，首先要进行构思。构思就是对拼摆冷盘的内容和形式进行思考。构思的过程即是选定题材及如何提炼和概括表现内容的过程，其中的关键即是题材的选定。

花色冷盘可以选用的题材比较广泛，诸如鸟兽、鱼虫、花草、风景等，均可作为拼摆的题材。但如何选材得当，效果满意，则应考虑如下两个方面。

（1）考虑人们喜爱的内容，像凤凰、孔雀、雄鸡、金鱼、蝴蝶等，这些形象在人们的心目中都是美好的，皆可作为拼摆的题材。

（2）考虑宴会的形式、场合和用餐者的身份选定题材。如宴会的形式是为来宾洗尘，可摆花篮或孔雀开屏较为适合；如宴会的形式是祝寿，可拼摆松、鹤等能有助于增强宴会的喜庆气氛。总之，要选材得当，这样可以提高用餐者的情绪，使宴会达到满意的效果。

2）构图

构图，就是在特定的范围内，根据原料的特点，把要表现的形象恰当地进行安排，使其形象更为合理地展示出来，同时要突出主题，使用餐者看上去赏心悦目。构图在装盘工艺上是很重要的一环。

花色冷盘的构图要综合考虑菜肴特有的形态和色彩以及装盛器皿等特定的条件和环境，使之构图要接近于图案，一定要给人以美的享受。

在研究构图的同时，还应考虑整体结构的艺术效果。比如蝴蝶题材是以对称构图，蝴蝶本身是对称的，左右翅膀也应是对称的花纹和色彩，否则就失去整体感觉。根据平衡式的构图要求，盘中的内容一定要求和谐，如盘的一边是蝴蝶，另一边就应是一朵花或其他姿态的蝴蝶，意在统一中求变化、变化中求统一。

3）拼摆

（1）拼盘的实施

拼摆是花色冷盘艺术造型具体实施阶段，一般从以下几个方面进行。

首先是特定形态的加工复制。利用菜肴构成一定的形象，在菜肴中寻求一些形态和色彩，并根据造型的需要，采用加工复制等手段进行弥补。如选用蛋皮、紫菜或其他原料包卷各种馅心成圆柱形，经蒸煮冷却后切成椭圆片或斜片状，这些片状根据需要可薄可厚，在中间能形成可见的螺形花纹。

其次是原料自然形色的利用。就菜肴本身应具有的食用价值而言，尽量选用原料的自然形色，则更能诱引人们的食欲，并且没有矫揉造作的不协调之感。在冷菜装盘造型中，尽量考虑因材施艺，除一些特定形状需要加工复制外，要充分利用原料的自然形态和色彩。如熟虾的红色和自然弯曲、鱼丸的乳白和球形状，以及水果蔬菜的自然色。

最后是精致的刀工处理。花色冷盘刀工处理不像一般冷菜那样仅求整齐美观、便于食用，而是要符合施艺所需，即使是使用原料的自然形或加工复制后的形态，也要根据构图形象的需要进行刀工处理。在刀工处理上必须讲究精巧，使用的刀法除拍斩、直切、锯切以及片法之外，还需要一些美化刀法，这些美化刀法有的需要准备特殊的刀具，如锯齿刀、波纹刀、小洋刀等。

（2）加工拼摆的技巧

首先是基础轮廓的安排。当题材、构图和基础形态的准备工作完成之后，即着手进行具体实施。在实施操作阶段首先根据确定好的构图，安排形象的基础轮廓，即大体的布局，对发现不理想的地方应加以调整。

其次是具体拼摆手法。当基础轮廓定型之后，即开始拼摆。根据形象的要求，将原料进行刀工处理，一般是一边切，一边拼。如果是事先准备比较妥帖，也可以提前切好再统一拼摆。具体拼摆时，有些形象要讲究先后顺序。

花色冷盘是一种食用与审美相结合的艺术装盘，要综合考虑成品的形色结合，以及具备一定的食用价值，以符合食用与审美的双重要求。

[评价方法]

口试、笔试、自评、互评。

[评价内容]

冷菜的概念、冷菜的烹调方法、冷菜装盘以及花色冷盘。

[思考与练习]

1. 什么是冷菜？冷菜与热菜有什么区别？
2. 冷菜在宴席和餐桌上的作用都有哪些？
3. 分别阐述冷菜的特点和特性。
4. 冷菜在制作时有哪些要求？
5. 冷菜按烹调特征可以分为哪10类？
6. 冷菜在装盘上有哪些要求？
7. 什么是花色冷盘？花色冷盘的拼摆分哪些步骤？各有什么要求？

模块2

冷菜制作

模块描述： 冷菜的加工成熟，其意义不完全等同于热菜的加热成熟。冷菜的加工成熟既包含通过加热调味的手段将原料加工成熟，也包含直接调味将原料制"熟"，而不通过加热的方式。

教学目标：

终极目标：分类了解生制冷吃和熟制冷吃两种冷菜制作途径，并学会各分类中的每种冷菜烹调方法。

过程目标：掌握生制冷吃的技法及熟制冷吃的烹调技法和菜肴做好后的基础拼摆。

任务分解：

任务1　生制冷吃

任务2　熟制冷吃

任务1　生制冷吃

[学习目的]

通过本任务的学习，要求学生对生制冷吃的冷菜有基本的了解和认知。

[教学方法]

讲授、情境教学、图片展示。

[任务驱动]

作为学习冷菜烹调方法的起点，本任务首先讲解什么是生制冷吃，生制冷吃有哪些注意点，和热制冷吃有什么基本区别。

[任务描述]

冷菜是通过各种不同的成熟方法，加工成符合制作要求的熟制品，这一过程称为冷菜的制作。

冷菜的加工成熟，其意义不完全等同于热菜的加热成熟。冷菜的加工成熟既包含通过加热调味的手段将原料加工成熟，也包含直接调味将原料制"熟"，而不通过加热的方式。

从与客人接触的时间顺序来说，冷菜更担负着先声夺人的重任。因为不必担心在一定时间里菜肴温度的变化，这就给刀工处理及装饰点缀提供了条件。冷菜的拼摆是一项专门技术。冷菜还可以看作开胃菜，是热菜的先导，引导人们渐入佳境。所以，冷菜制作的口味和质感有其特殊的要求。

冷菜的特点是鲜、香、嫩、无汁、入味、不腻。鲜是指原料新鲜及口感鲜美。冷菜最忌腥、膻异味及原料不鲜。有些异味在一定的温度中不是很明显，一旦冷却下来，异味就明显了。生理学告诉我们，人的味蕾感觉味道的最佳温度在30 ℃，而冷菜的温度通常是室温10～20 ℃，有些冷菜需经冰箱冷藏，其温度更低。要突出原料的鲜美滋味，在选料和调味时应考虑以下几个因素。

（1）冷菜的香与热菜的香不同。热菜的香味是随着热气扩散在空气中，被人所感知。而冷菜的香则必须在咀嚼时才被人所感知，即"越嚼越香"，它要求香透肌理。这是一种浓香，许多冷菜要重用香料。另一种香是清香，这种香是淡淡的，能给人以清新爽快的美感。

（2）冷菜的嫩，有脆嫩、柔嫩、酥嫩、熟嫩等几种。脆嫩主要是些植物料，能给人以爽口不腻、清香淡远之感；柔嫩常与疏松连在一起，入口咀嚼毫无阻力，是一种特殊的口感，原料主要是素料；酥嫩的质感较耐咀嚼，主要是些较为老韧的原料，在反复咀嚼中能体味原料的本味与渗入的调味混合后的特殊美味；熟嫩是在加工中断生即起的原料质感。这些原料都比较嫩，加热时间又不长，故成熟之后原料内仍含有较多水分，咀嚼之中有阻力，却不大。因为加热时间不长，调料与原料结合不紧密，所以更能体味原料的本味。

（3）冷菜的无汁、入味、不腻也是区别于热菜的一个很明显的标志,三者又是相辅相成的。冷菜烹制不勾芡，装盘之后基本不带卤汁。形体小的原料在烹调中周身着味即可，而形体大的原料就必须掌握好火候，采取必要手段令原料入味。

冷菜的制作，从色、香、味、形、质等诸多方面，较热菜有所不同。冷菜的制作具有独立的特点，与热菜的制作有明显的差异。如何才能制成符合冷菜制作需要的材料，这就要求我们要熟悉并掌握冷菜制作的常用方法。

冷菜制作主要从生制冷吃和熟制冷吃两方面进行介绍，主要介绍拌、炝、酱、腌、卤、冻、酥、熏、腊、水晶等几种常用的冷菜烹调方法。

[课程思政拓展]

尊重差异性

案例1 在烹饪实训中，涉及个人菜肴及小组菜肴的菜品评分，个人菜肴采用个人自评、同学互评、教师点评方式，尊重每个人的审美要求。

案例2 烹饪菜肴的创新制作及创新菜肴的发展是推动中国烹饪业繁荣的重要途径，在授课及讲解过程中，尊重学生对烹饪、烹调过程所提出的大胆、新奇、奇特的奇思妙想，在具备可行性和实践性操作的基础上，尊重学生的创新精神。

案例3 人与人良好的关系要建立在互相尊重的基础上，直观地体现在厨师长与普通厨师、各级管理层与下属员工关系上，给予尊重和实施部署工作应两不冲突。

[知识链接]

2.1.1 拌

拌是把生原料或晾凉的熟原料，切制成小丁、丝、条、片等形状，加入调味品，调拌均匀后直接食用的方法。拌制菜肴具有清爽鲜脆的特点。

拌菜常见于冷菜制作中，拌法因而成为冷菜制作的最基本方法之一。拌菜菜品由于没有成熟过程，操作较为简单，因而对原料的形状有较高的要求。通常情况下，拌菜多以片、条、丝、丁等形态出现。在调味上，追求的是爽口、清淡，调味时以无色调味品居多，较少使用有色调味品，特别是深色调味品。由于拌菜所需的成品质感要求脆嫩，因此在选料时通常是新鲜脆嫩的植物性原料，如黄瓜、莴苣等。

拌双脆

【用料规格】海蜇皮100克，白萝卜100克，姜丝10克，葱丝10克，酱油5克，白糖2克，香醋2克，胡椒粉1克，精盐3克，味精1克，香油2克等。

【工艺流程】海蜇→切丝→浸泡→萝卜→切丝→腌制→拌。

【制作方法】

①海蜇皮洗净，用清水泡3～4小时，剥去表层的膜，再用温水烫一下，捞起，沥干水。

②白萝卜洗净切成细丝，加盐腌约15分钟，挤干水，和海蜇丝拌在一起，加适量的酱油、白糖、香醋、味精、胡椒粉、香油拌匀即成。

【制作要点】

①海蜇浸泡时一定要把咸味漂净，海蜇烫制时要把握好水温。

②各种调味品的投放要掌握好比例。

【成品特点】吃口清爽，脆嫩爽口。

鲜笋拌鸡丝

【用料规格】熟鸡肉100克，笋子75克，熟花生仁20克，熟芝麻10克，葱15克，蒜泥5克，花椒粉15克，红油25克，精盐1.5克，酱油5克，白糖2克，味精1克，冷鲜汤30克，香油5克等。

【工艺流程】笋子、葱→熟鸡肉→切丝→拌味→装盘→撒熟芝麻、熟花生仁。

【制作方法】

①熟鸡肉切成长5厘米、粗0.4厘米的丝，笋子切成长4厘米、粗0.3厘米的丝，熟花生仁斩成0.3厘米的颗粒，葱切成细丝。

②将笋丝放入沸水锅中焯水，捞出，晾凉待用。

③将精盐、味精、白糖、蒜泥、红油、香油、冷鲜汤、酱油调成麻辣汁后，与鸡丝、笋丝、葱丝拌均匀装入盘内，撒上熟芝麻、熟花生仁即成。

【制作要点】

①鸡丝要粗细均匀，长短一致。

②在调制味汁时要掌握好口味。

【成品特点】色泽棕红，鸡丝细嫩，笋子脆嫩，麻辣味浓，鲜香爽口。

凉拌金针菇

【用料规格】金针菇100克，香菇20克，芹菜20克，红萝卜半个，红辣椒2个，子姜5克等，料酒、郫县豆瓣酱、镇江香醋、白糖等适量。

【工艺流程】切丝→煸炒→拌入调味品。

【制作方法】

①金针菇切成指头长短的段，香菇切丝，芹菜切段，半个红萝卜切成细丝，两个红辣椒切成细丝，子姜切细丝。

②油锅烧热，先下姜丝、辣椒丝爆炒，淋一点料酒。

③放入红萝卜丝、香菇丝、芹菜段炒熟。

④放入金针菇段炒，加郫县豆瓣酱、镇江香醋、白糖翻炒片刻，即可出锅。

【制作要点】炒金针菇时间不宜长。

【成品特点】软、脆、滑、香、咸、辣，鲜美爽口。

凉拌西芹

【用料规格】西芹一把，花生油、香油、盐等少许。

【工艺流程】西芹初加工→洗涤→焯水→切段→调味→凉拌。

【制作方法】

①将西芹叶择去，洗净。

②锅内放水，烧开，放少许花生油，将西芹放入，煮3～4分钟即可捞出。

③将西芹捞出放入冷水中过凉，去皮（煮过的西芹很好剥皮）、切段、装盘，撒上少许食盐拌匀，倒入少许香油再拌匀即可。

【制作要点】

①掌握好西芹焯水的时间，时间长了会影响西芹的色泽和口感。

②要将西芹的老筋去干净，否则会影响口感。

【成品特点】色泽碧绿，清新爽口。

凉拌菠菜

【用料规格】菠菜1000克，琥珀花生仁少许，食盐、味精、蒜蓉、香油等适量。

【工艺流程】菠菜初加工→洗涤→焯水→切段→调味→拌匀。

【制作方法】

①1000克菠菜洗净，切段，用沸水焯一下，待用。

②调料：食盐、味精、蒜蓉、香油少许，一起搅拌均匀。将调料和菠菜拌匀，最后放入琥珀花生仁，即可上桌。

【制作要点】菠菜一定要洗干净，喜欢芥末味的可放芥末油。

【成品特点】清新爽口。

凉拌苦瓜

【用料规格】苦瓜500克，熟植物油9克，酱油10克，豆瓣酱20克，精盐2克，辣椒丝25克，蒜泥5克等。

【工艺流程】苦瓜刀工处理→焯水→沥水→调味。

【制作方法】

①将苦瓜一剖两半，去瓤洗净，切成1厘米宽的条，在沸水中烫一下，放入凉开水中浸凉捞出，控净水分。

②将苦瓜条加辣椒丝和精盐后，先控净水分，然后放入凉开水中浸凉，捞出，放入酱油、豆瓣酱、蒜泥和熟植物油拌匀即可。

【制作要点】

①苦瓜烫后一定要在冷水中过凉。

②苦瓜腌制的时间不宜过长，同时要控出水分。

【成品特点】吃口爽脆。

凉拌海带丝

【用料规格】海带300克，蒜蓉、香油、醋、味精等适量。

【工艺流程】海带洗涤→切丝→煮→调味。

【制作方法】

①将海带洗净，切成细丝后煮半小时捞出放凉。

②加蒜蓉、香油、醋、味精等调料，拌匀后即可食用。

【制作要点】

①调味中不需加盐。

②海带煮后一定要放入凉水中凉透。

【成品特点】口味咸鲜，吃口爽滑。

凉拌面筋

【用料规格】面筋250克，鲜菇500克，笋尖50克等，香油、白糖少许，老抽2匙，生抽1匙。

【工艺流程】面筋切丝→鲜菇焯水→调味。

【制作方法】

①将面筋切丝。

②鲜菇浸洗干净，和笋尖一起用沸水焯熟，捞出摊凉切丝。

③用大碗盛放，加入老抽、生抽、香油、白糖等拌匀即成。

【制作要点】

①掌握好鲜菇、笋尖焯水的时间。

②注意白糖不宜放得过多。

【成品特点】面筋软韧，咸中带甜。

凉拌芦笋丝

【用料规格】鲜芦笋300克，盐、芝麻酱等适量。

【工艺流程】芦笋洗净去皮→切丝→调味拌匀。

【制作方法】将鲜芦笋洗净，削去老皮，然后切成细丝，加入适量的盐、芝麻酱等调料拌匀，即可食用。

【制作要点】芦笋一定要将老皮去掉。

【成品特点】吃口爽脆。

麻酱拌豆角

【用料规格】鲜豆角、芝麻酱、精盐、花椒油、味精、姜末等适量。

【工艺流程】豆角初加工→焯水→调味。

【制作方法】

①将豆角抽筋、折断、洗净，在开水锅里焯熟后用凉水浸泡，捞出控水，放到调盘里。

②将芝麻酱用冷水调成糊状，将花椒油烧热，加入味精、精盐、姜末浇在豆角上，拌匀即可装盘。

【制作要点】

①豆角老筋要去除干净，否则影响口感。

②注意熬制花椒油的温度和火候。

【成品特点】豆角脆嫩，酱香浓郁。

凉拌萝卜丝

【用料规格】白萝卜300克，盐、香油、味精等适量。

【工艺流程】白萝卜去皮→切丝→调味拌匀。

【制作方法】先将白萝卜洗净，削去老皮，然后切成丝，加入适量盐、香油、味精调料，拌匀即可食用。

【制作要点】萝卜切丝要均匀，把老皮去掉。

【成品特点】入口脆嫩，口味咸鲜。

蒜泥莴苣

【用料规格】莴苣1000克，大蒜1瓣，香油10克，醋25克，盐2克等。

【工艺流程】莴苣去皮→切条→腌制→调味。

【制作方法】

①将莴苣去皮，切成长5厘米、宽厚各1厘米的条，大蒜去皮，捣成泥。

②将莴苣加盐拌匀，腌出水后，沥去余汁装盘，再放入蒜泥、香油、醋拌匀，装盘即成。

【制作要点】

①莴苣切条要掌握好刀工，注意粗细均匀、长短一致。

②莴苣腌制时间不宜过长，腌出水分即可。

【成品特点】吃口脆爽，蒜香浓郁。

凉拌枸杞菜

【用料规格】枸杞菜300克，盐、香油、醋、味精等适量。

【工艺流程】枸杞菜切段→焯水→调味。

【制作方法】

①先将枸杞菜洗净，切成约2厘米长的段。

②枸杞菜用水焯熟，捞出放凉。

③加入盐、香油、醋、味精等调料拌匀，即可食用。

【制作要点】枸杞菜焯水时间不宜过长，熟后即可捞出。

【成品特点】口味咸鲜，入口爽脆。

爽脆一品三丝

【用料规格】白菜帮4片，青笋半条，红心萝卜半个等，盐、糖、鸡精粉、白醋少许，香油1～2滴，蒜泥适量。

【工艺流程】切丝→冰镇→调味。

【制作方法】

①将白菜帮、青笋、红心萝卜切丝，备用。

②将所有材料放入冰水里冰镇8～10分钟。

③将材料从冰水里捞出，控干水，加入调味料拌匀即可。

【制作要点】

①冰镇时间要控制好，不宜过久，否则水会渗入材料里。冰镇后三丝会更凉、更脆、更爽。

②白醋只需少许，用于提味、刺激胃口；可多加蒜泥，起杀菌、提味作用。

【成品特点】感观效果佳，色泽搭配亮丽，口感清香爽脆。

农家庆丰收

【用料规格】白菜帮1片，豆腐皮半张，西红柿1个，熟花生仁50克，皮蛋1个，香肠100克等，黑木耳适量，圆葱半个，香油2～3滴，盐、鸡精粉、蒜泥、糖等少许。

【工艺流程】洗净→切片→调味拌匀。

【制作方法】

①将所有材料洗净，用手撕成小片或用刀切成小片，备用。

②将调料拌匀即可。

【制作要点】香肠也可用火腿代替。

【成品特点】色泽搭配亮丽，口感清香爽脆。

蚝油青虾拌瓜条

【用料规格】青虾100～150克，青瓜2条，蚝油、鸡精粉、糖、红辣椒油、盐等少许。

【工艺流程】青虾去壳→青瓜切条→煮虾→调味。

【制作方法】

①将青虾洗净，去壳，挑去虾线，并在背上用刀划一下，备用。

②将青瓜切成约3厘米的长条，撒盐拌匀，待其腌出水分，用纱布控干，备用。

③将青虾煮熟，捞出，用冷水浸8～10分钟。

④将所有材料加入调味料拌匀即可。

【制作要点】

①将青瓜先用盐腌出水分，凉拌时才不至于产生太多汤汁，影响口感。

②如果爱吃辣，可加红辣椒油，辣度随个人口味调整。

③用蚝油不仅可以提鲜，且搭配青虾，虾鲜与蚝香相得益彰，香味更浓。

【成品特点】青瓜爽脆，青虾鲜甜，鲜艳诱人。

拌鸡丝

【用料规格】净鸡1000克，胡萝卜100克，黄瓜100克，姜片10克，酱油10克，白糖5克，胡椒粉1克，鸡粉3克，香油50克，料酒50克等。

【工艺流程】初加工→熟处理→调味→拌匀。

【制作方法】

①先把鸡洗净，胡萝卜、黄瓜切细丝，姜切片。烧一锅开水，放料酒、姜片，把鸡放入，煮10分钟。然后熄火，加盖焖10分钟。

②捞出鸡放入凉水（或冰水）中过凉。

③将鸡肉撕下来装盘，尽量细一点。

④碗里准备调味料：酱油、白糖、鸡粉、胡椒粉、香油等。把调味料、胡萝卜丝、黄瓜丝倒在鸡丝上拌匀即成。

【制作要点】

①刀工处理要精细。

②冷却时间要充分。

③调味料用量要恰当。

【成品特点】色泽分明，口感清爽，质地脆嫩。

宝塔马兰

【用料规格】马兰300克，香干100克，盐、香油、醋、味精等少量。

【工艺流程】初加工→焯水→调味。

【制作方法】

①先将马兰洗净，切成末，香干切成小丁。

②马兰用水焯熟，捞出放凉。

③加入盐、香油、醋、味精、香干等调料拌匀，堆成宝塔状，即可食用。

【制作要点】马兰焯水时间不宜过长，熟后即可捞出。

【成品特点】口味咸鲜，吃口爽脆。

剁椒皮蛋

【用料规格】皮蛋4个，剁椒50克，芝麻、蒜、葱、姜末、醋、生抽、麻油、白糖、鸡精等适量。

【工艺流程】初加工→调汁→装盘。

【制作方法】

①皮蛋去壳洗净。

②将皮蛋放在手心，用棉线将皮蛋切成四瓣，或者刀沾水切开。

③切好的皮蛋上放剁椒、蒜瓣，姜末、醋、生抽、麻油、白糖、鸡精拌匀调成调味汁倒在皮蛋上即可。

【制作要点】

①皮蛋切块时要小心。

②调味汁调制要浓厚。

【成品特点】色泽红亮，口味浓郁。

蓑衣黄瓜

【用料规格】黄瓜250克，生姜1小块，食用油30克，白醋10克，精盐10克，白糖15克，味精3克等。

【工艺流程】刀工处理→腌制→调汁→装盘。

【制作方法】

①将黄瓜洗净，将其切成蓑衣花刀，用盐腌制10分钟。

②用清水将黄瓜冲洗后沥干水装盘，将生姜洗净切丝。

③锅内放油，食用油烧至六成热时放入姜丝，炒出香味后再加入白糖、白醋、精盐、

味精，烧开。

④将糖醋汁放凉后倒入装黄瓜的盘中，浸泡半小时后即可食用。

【制作要点】

①刀工精细，装盘整齐。

②必须等糖醋汁凉透后再浸泡黄瓜。

【成品特点】清淡爽口，酸甜脆嫩。

凉拌海蜇头

【用料规格】水发海蜇头400克，酱油40克，醋25克，姜末5克，香油4克等，白糖、麻油、味精少许。

【工艺流程】清洗→刀工处理→清洗→调味。

【制作方法】

①海蜇头放入清水中浸泡4～8小时，再充分洗净。

②将海蜇头切成细丝，用冷开水洗涤1～2次，将海蜇丝的水尽量挤净，放入盆内。

③加入适量的酱油、醋、白糖、麻油和少许味精调味，充分拌匀原料，即可食用。

【制作要点】

①海蜇头浸泡时间要充分。

②海蜇丝一定要清洗干净。

【成品特点】口味浓郁，质地脆嫩。

双椒黑木耳

【用料规格】黑木耳200克，青红椒100克，味精3克，胡椒粉1克，泡菜水100克等。

【工艺流程】初加工→煮制→调味→浸泡。

【制作方法】

①把黑木耳在温水里泡发，然后清洗干净备用；锅里水烧开后，放入黑木耳，煮10秒

后捞起，放入凉开水中，待沥干水后备用。

②将青红椒清洗干净，然后切成末备用。

③从泡菜坛里取出适量泡菜水，放入无油的碗中备用；加入胡椒粉、味精搅拌均匀。

④把放凉的黑木耳放入泡菜水中，再放入切好的青红椒；放入冰箱或常温浸泡，入味后即可食用。

【制作要点】

①黑木耳要清洗干净。

②浸泡时间要充足。

【成品特点】色泽黑亮，口味咸鲜。

芹菜拌毛豆

【用料规格】芹菜100克，毛豆100克等，香油、盐等适量。

【工艺流程】初加工→炒制→焖制→装盘。

【制作方法】

①芹菜切段，入锅焯一下，捞出沥干。

②热锅冷油，将芹菜入锅煸炒；然后将毛豆倒入锅中一起煸炒；放入适量的水和盐；焖一会儿即可。

【制作要点】毛豆可提前焯至五分熟。

【成品特点】色泽翠绿，口味清淡。

2.1.2　炝

炝是冷菜制作中常用的一种基本方法。炝是先把生原料切成丝、片、块、条等，用沸水稍烫一下，或用油稍滑一下，然后滤去水分或油分，加入以花椒油为主的调味品，最后进行掺拌。炝制菜都具有鲜醇入味的特点。

炝的菜品一般以动物性原料为主，并且是经过加工后的小型易熟入味的原料，植物原料的使用相对较少。炝制菜肴一般需要经过加热处理入味，行业上习惯将炝称为"熟炝"。

炝制菜品的制作方法，一般选用简单的成熟法，如水氽、过油等，从而使原料的质感得到保证。炝制菜品在预熟时一般未经过调味，因此要求料形相对较小，易于成熟和入味，通常以片、丝等形状居多。为了使炝制菜品味道浓郁，在调味过程中以有一定刺激性味道的调味品为主，如胡椒粉、花椒油、蒜泥等，经过调味后应当摆放一段时间，以便充

分入味。在我国有些地区，也有将鲜活的小型动物性原料，辅以适当的调味料炝食的。因而在调味过程中，一般均加入一定量的白酒和胡椒粉，充分达到杀菌、调味的效果，如腐乳炝虾。

　　炝制菜品，因其清爽适口的特点而备受人们的青睐。炝制菜品尤其适用于夏季，常见的品种有炝腰片、虾子炝芹菜、炝黄瓜条等。

炝冬笋

【用料规格】冬笋300克，胡萝卜（末）5克，姜（末）3克，酱油15克，精盐3克，味精2克，香油25克等，鲜汤适量。

【工艺流程】冬笋切片→蒸→制卤→浇汁→装盘。

【制作方法】

①将冬笋切成5厘米长的片，放入碗中加鲜汤少许，上笼蒸约1小时取出，沥去汤汁。

②酱油、精盐、味精、鲜汤下锅烧热调成卤汁，浇在蒸熟的冬笋片上，撒上姜末、胡萝卜末，淋上香油即可。

【制作要点】

①冬笋的老皮一定要去净。

②掌握好冬笋蒸制的时间。

【成品特点】口味咸鲜，鲜嫩脆香。

炝腰花

【用料规格】猪腰400克，水发玉兰片50克，水发木耳25克，南荠50克，莴苣50克，清汤30克，精盐1.5克，酱油0.5克，绍酒2.5克，味精0.5克，花椒油5克等。

【工艺流程】猪腰初加工→批片→剞花刀→改刀→汆→调制炝汁→炝制。

【制作方法】

①准备工作。将猪腰除去外皮，将其中片成两半，片去腰臊。在片开一面划上麦穗花刀，然后切成长3厘米、宽1.5厘米的块。水发玉兰片切成长2.4厘米、宽1.2厘米的片；水发木耳切成两半；南荠削皮、切片；莴苣切象眼片，均用沸水汆过。将清汤、精盐、酱油、绍酒、味精、花椒油放入碗内，调成炝汁。锅内放清水750克，在旺火上烧沸后放入腰花，用手勺搅动一下，迅速捞至凉开水中浸泡，捞出，挤去水。

②炝制。将腰花、玉兰片、木耳、南荠、莴苣放入碗内，倒上炝汁调拌均匀，盛入盘内即成。

【制作要点】

①腰臊一定要去除干净。

②腰片要尽量片得薄一点，这样成熟速度较快。

【成品特点】色调淡雅，质地脆嫩，味道清鲜。

炝虎尾

【用料规格】黄鳝5000克，姜末1.5克，蒜泥1克，酱油25克，香油15克，绍酒5克，味精1.5克，熟猪油25克等，胡椒粉少许。

【工艺流程】黄鳝初加工→改刀→烩制→调制炝汁→炝制。

【制作方法】

①将黄鳝放入开水锅中焯熟，捞出切成鳝丝，各取尾背一段共500克为原料（每500克黄鳝只能取尾背50克左右），其余鳝背及鳝肚另作他用。

②将鳝尾洗净，随冷水入锅烧沸，加绍酒，移小火上烩1～2分钟即用漏勺捞出，沥干水，放入碗内，加入熬熟的酱油、味精、姜末、绍酒、香油、胡椒粉少许拌和。

③炒锅洗净上火，放熟猪油25克，下蒜泥煸炒至黄色，将蒜泥连油一起浇在拌好的鳝尾上即可。

【制作要点】

①鳝鱼的焯水时间与烩制时间要恰当，才能保持鲜嫩。

②蒜泥也可下锅炸成金黄色，起锅浇在虎尾上，其味更佳。

【成品特点】肉质细嫩，清香爽滑，口味鲜咸。

炝干丝

【用料规格】豆腐干400克，葱、干红椒、盐、鸡精、白糖、香油等少许。

【工艺流程】初加工→烫制→炒制→拌匀。

【制作方法】

①将豆腐干切成丝，放入开水锅中焯烫1分钟左右，捞出后放入凉水中浸凉，过漏勺沥去多余的水。

②葱白切丝、干红椒切小段，炒锅中倒入油适量，油热后放入干红椒，中火，翻炒至颜色变深接近黑色。

③将干豆腐丝放入盆中，放入盐、鸡精、白糖、香油，用手抓拌均匀，放入葱白。

④放入红椒油，搅拌均匀后盛出装盘即可。

【制作要点】

①沥水时不要沥得太净，略有一些水分的豆腐干丝会更鲜嫩。

②做调料油时火要较大，但掌握好时间，视干红椒的颜色全部变深，油也出现香味即熟。时间过长易糊。

③用手抓拌，手掌的温度使调料融入材料的速度更快，更易入味。

【成品特点】口感干爽，口味咸鲜。

2.1.3 腌

腌是用调味品将主料浸泡入味的方法。腌制凉菜不同于腌制咸菜，咸菜是以盐为主，腌制的方法也比较简单，而腌制凉菜须用多种调味品，口味鲜嫩、浓郁。

在腌制过程中，主要调味品是盐。腌制菜品，植物性原料一般具有口感爽脆的特点，动物性原料则具有质地坚韧、香味浓郁的特点。腌制的原料范围较广，大多数动物性、植物性原料均适合用这种方法成菜。

在实际操作过程中，一般可以分为盐腌、醉腌和糟腌3种形式。

1）盐腌

盐腌是将盐放入原料中翻拌或涂擦于原料表面的一种方法。这是最基本的方法，也是其他腌法的一道必要工序。此法简单易行，操作中注意原料必须是新鲜的，且用盐量要准确。经过盐腌制的原料，由于渗透压的作用，水分析出，盐分渗入，可以保持原料清新脆嫩的口感。常见品种有酸辣黄瓜、辣白菜、姜汁莴笋等。

2）醉腌

醉腌是以酒和盐为主要调味料，调制好卤汁，将原料投入卤汁中，经过浸泡腌制成菜的方法。用于醉腌的一般都是动物性原料，以禽类和水产品居多。如果是水产品，首先原料必须是鲜活的，通过酒醉致死，无须加热，酒醉一段时间后就可食用；若是禽类原料，则通常要煮至刚熟，然后置于卤汁中浸泡，经过一段时间后便可食用。醉腌制品按调味品的不同可分为红醉（调料用有色调味品，如酱油、红酒、腐乳等）、白醉（调料用无色调味品，如白酒、盐、味精等）。浸泡卤汁中咸味调味料的用量应当略重一些，以保证菜肴的口味。浸泡必须经过一段时间后方可食用，否则不能入味。常见的品种有醉蟹、醉鸡、醉虾等。

3）糟腌

糟腌是以盐和糟乳为主要调味品腌制成菜的一种方法。糟腌的方法类似醉腌，不同之处在于醉腌用酒，而糟腌则用香糟卤。冷菜中的糟腌菜肴，一般在夏季食用。此类菜品清爽芳香，如糟凤爪、糟卤毛豆等均属于夏季时令佳肴。

风鸡

【用料规格】活公鸡1只（1500克左右），花椒盐125克，葱结1个等，姜片适量。

【工艺流程】活鸡宰杀→擦盐→捆扎→浸泡→焖煮。

【制作方法】

①将公鸡宰杀后，从腋下开口，取出内脏，用清洁布将体腔内擦干，将花椒盐100克放入其体内，用手擦透，将鸡嘴、开口用花椒盐25克抹匀，将鸡头塞入腋下开口，合上翅膀，用绳子扎紧。腌制一个月左右，即可食用。

②风鸡食前需解去绳子，去尽绒毛，洗净。用清水泡2小时，入沸水锅焯水，放入砂锅，加满清水，放葱结、姜片，上火烧沸，撇去浮沫，移小火焖透，取出，撕成鸡丝，装盘即成。

【制作要点】

①鸡的开口部位要恰当，开口宜小不宜大，鸡头塞进开口处，密封性能要好。

②把鸡挂在通风处，防止漏卤变质，影响风制效果。

【成品特点】鸡肉鲜嫩，腊香味浓。

家乡咸鹅翅

【用料规格】鹅翅350克，黄瓜片50克，花椒粒、八角、香叶、葱、姜、精盐、料酒、食用盐、香菜等各适量。

【工艺流程】初加工→腌制→风干→蒸熟→装盘。

【制作方法】

鹅翅去毛洗净，加调料浸泡入味，风干，食时蒸熟，加黄瓜片即可。

【制作要点】

①鹅翅要清洗干净。

②腌制时间要充足。

【成品特点】口味浓香，质地干爽。

醉蟹

【用料规格】蟹（雌）5只（重约850克），白酒500克，冰糖100克，花椒50克，姜50克，葱100克，花椒盐25克，精盐250克等，干荷叶、黄泥适量。

【工艺流程】洗净→调味→酒醉。

【制作方法】

①将蟹放入水中活养2～3小时，使蟹吐出体内污物，再用刷子刷净体外泥污，洗净，装入蒲包，上压重物，沥去水。

②炒锅舀入1500克清水，加精盐、花椒、姜、葱烧沸，离火，冷却后拣去姜、葱，倒入钵内沉淀成冷盐水。

③用一只小口坛子，洗净，控去坛内水分，放入白酒和蟹使其饮醉，再将蟹逐只取出，掰开蟹脐，放入花椒盐5克，将脐合起，用蟹小爪梢插起来，防止花椒盐散落。将其放入坛中，倒入冷盐水，放入冰糖，用干荷叶封口，外敷黄泥，经15～20天即成。

【制作要点】

①不能用死蟹，活蟹要清洗干净。

②盐水浓度须恰当（浓度过低，不易入味，蟹也容易变质），待冷却后方能使用。

【成品特点】酒味香醇，蟹黄干鲜细腻，其质似胶。

醉鸡

【用料规格】当年母鸡1只（1500克左右），姜片10克，葱结1个，酒酿200克，绍酒100克，精盐50克等，桂皮、八角、丁香各少许。

【工艺流程】母鸡去内脏→焯水→洗净→焖→制卤→浸渍。

【制作方法】

①将母鸡剖开去内脏洗净，入沸水锅焯水后，洗净，放入焖钵，加满清水，加姜片、葱结烧沸，撇去浮沫，移小火上，焖至六成熟离火，撇去鸡油，拣出姜、葱。

②待冷却后，取出鸡，用刀改成4片，放入钵中，鸡汤内加精盐、绍酒、桂皮、丁香、八角上火烧沸，撇去浮沫，离火。待鸡汤冷却后，放入酒酿搅匀，用汤筛滤去渣滓，倒入钵中，盖上盖子，浸泡12小时，取出鸡块改刀装盘，浇上卤汁即成。

【制作要点】

①选择鸡皮完整的优质鸡。

②须选用色白的母鸡，才能保持醉鸡的特色。

【成品特点】鸡肉洁白鲜嫩，酒香扑鼻。

醉蛏

【用料规格】蛏蚶子750克，黄酒100克，姜片25克，冰糖10克，精盐10克等。

【工艺流程】蚶子刷洗→制卤→醉蚶→装盘。

【制作方法】

①将蛏蚶子放入水中，用刷子将外壳污泥刷去，洗净后放入坛中。

②炒锅上火，舀入清水250克，加入黄酒、姜片、冰糖、精盐，烧沸后离火。撇去浮沫，待汤汁冷却后，倒入坛中盖好。

③15天左右取出，将蛏蚶子掰开，放入盘中即可。

【制作要点】

①必须用活蛏蚶（死蛏蚶嘴张开，有污腥味）。

②须将蛏蚶子刷洗干净，以外壳呈亚白色为好。

【成品特点】蚶肉淡红，鲜嫩异常，咸中带甜。

醉笋

【用料规格】熟冬笋尖400克，白酒100克，桂皮5克，八角5克，冷鸡清汤250克，精盐5克等。

【工艺流程】熟冬笋尖拍松→调味浸泡→改刀→装盘。

【制作方法】

①将熟冬笋尖用刀面拍松，放入碗中，加白酒、冷鸡清汤、精盐、桂皮、八角，盖上盖子浸泡12小时后拣去桂皮、八角。

②取出熟冬笋尖，切成梳背块装盘，浇上卤汁即成。

【制作要点】熟冬笋尖用刀拍松，不可拍碎。

【成品特点】笋脆韧，味鲜带有酒香。

醉香螺

【用料规格】新鲜香螺500克，香糟卤（白）100克等，料酒、味精、精盐、八角、香菜、姜片、蒜片、尖椒等少许。

【工艺流程】清洗→烧汁→腌制→装碗。

【制作方法】

①主料加料酒和盐出水。

②锅内加入适量的水、料酒、精盐、味精，烧成汤汁。

③倒入出了水的主料，将其烧至成熟，加入八角、姜片、蒜片即可。

④出锅后，放在容器内，加入适量的香糟卤（白），浸24小时后撒上尖椒和香菜即可食用。

【制作要点】

①香螺清洗干净。

②汤汁烧制浓厚。

③腌制时间充足。

【成品特点】口味浓香，质地酥烂。

糟鱼

【用料规格】咸鲤鱼（去头尾）4000克，酒酿2500克，香油500克，花椒50克等。

【工艺流程】咸鲤鱼浸泡→改刀→调味糟制→上笼蒸→去骨装盘。

【制作方法】

①将咸鲤鱼放入温水中浸泡15分钟，洗净，用刀切成长约6.5厘米、宽3厘米的块，放入筛中沥去水。将酒酿捏碎拌和花椒。

②用大口玻璃瓶1只，先放酒酿1250克，再放入咸鲤鱼块，上盖酒酿1250克，加入香油，盖上盖子，浸渍4～5个月。

③食用前取出咸鱼块，上笼蒸制15分钟至熟取出，将鱼块去硬骨后拆成小鱼块，装盘即成。

【制作要点】

①咸鱼不可发霉或变质。

②咸鱼放入温水浸泡时间要长一些。

【成品特点】香糟扑鼻，吃口紧实，味香浓。

糟鸡蛋

【用料规格】熟鸡蛋8只，酒酿100克，黄酒25克，精盐2克等。

【工艺流程】熟鸡蛋切块→调糟卤→蒸制→装盘。

【制作方法】

①剥去熟鸡蛋的壳，切成4块。

②将酒酿、精盐、黄酒调和，倒一半入碗内。

③将鸡蛋块叠在碗中再倒入另一半酒酿卤汁，盖上盘盖，将碗放入蒸笼蒸15分钟，取出后装盘即成。

【制作要点】

①选择好的酒酿制作本菜。

②控制好上笼蒸制的时间。

【成品特点】糟香味雅，鸡蛋香嫩。

香糟鸭舌

【用料规格】鸭舌（鸭信）20条，葱2根，姜2片，料酒10克，酒酿500克，盐5克，糖10克等。

【工艺流程】初加工→煮制→腌制。

【制作方法】

①鸭舌剪净喉骨及软管后洗净，放入开水中汆烫过捞出，再用清水冲洗。

②另用清水加葱、姜、料酒，将鸭舌煮20分钟，待其熟软后捞出。

③酒酿用细网磨碎后，沥出汤汁、去渣，加入余下的调味料拌匀，放入鸭舌浸渍入味，3天后即可拣出食用。

【制作要点】

①鸭舌要清洗干净。

②腌制时间要充分。

【成品特点】口味浓香，质地脆嫩。

卤水豆腐

【用料规格】老豆腐400克，花生油300毫升，香桂叶1片，桂皮1条，小茴香10粒，葱1棵（卷成结），生姜4片，盐1茶匙，生抽3汤匙，白糖1茶匙，水400毫升，高汤50毫升等。

【工艺流程】初加工→煮制→卤制→炸制。

【制作方法】

①老豆腐切成5厘米长的块，用纸巾吸干水。

②汤锅里放香桂叶、桂皮、小茴香、葱、生姜、盐、生抽、白糖，加水及高汤。锅置中火上烧开后再煮10分钟，熬出香料味道。放入豆腐块，盖上盖子，小火煮10分钟，关火再焖10分钟。捞出，晾干，切成厚片，摆放盘中，可浇少许卤水在豆腐上。

③炒锅放在中火上预热。倒入花生油，烧至七成热，放入豆腐块，每面炸2分钟，炸至黄色，共约4分钟，捞出，沥干油。重复以上步骤至豆腐炸完。

【制作要点】

①煮制火候要把握好。

②卤制时间要充分。

③炸制温度要控制好。

【成品特点】口味浓香，质地酥烂。

卤水鹅翅

【用料规格】鹅翅500克，姜、葱、卤水汁、料酒等适量。

【工艺流程】初加工→煮制→卤制。

【制作方法】

①洗净鹅翅、姜、葱。

②把鹅翅、姜、葱冷水下锅煮。煮开后加一点料酒。煮到酒味散去，再把鹅翅捞出，用清水冲洗一下。

③卤水跟清水的比例是1∶4，卤水盖过鹅翅面，煮开后，小火煮20分钟，煮好装盘浸泡在卤水中冷却即可。

【制作要点】

①鹅翅冷水下锅。

②卤水与清水的比例要准确。

【成品特点】色泽棕红，口味浓香。

任务2　熟制冷吃

[学习目的]

通过本任务的学习，要求学生对熟制吃的冷菜有基本的了解和认知。

[教学方法]

讲授、情境教学、图片展示。

[任务驱动]

作为学习冷菜烹调方法的起点，首先要知道什么是熟制冷吃，熟制冷吃有哪些注意点，和冷制冷吃有什么基本的区别。

[课程思政拓展点]

安全意识

案例　实训课平时考核过程中，必须控制时间，在拿取工具时需具备安全意识，保护好自己及同学。

[知识链接]

2.2.1　酱

酱是将原料先用盐或酱油腌制，放入用油、糖、料酒、香料等调制的酱汤中，用旺火烧开撇去浮沫，再用小火煮熟，然后用微火熬浓汤汁，涂在成品的皮面上。酱制菜肴具有味厚馥郁的特点。

五香酱牛肉

【用料规格】牛肉1000克，丁香、花椒、八角、陈皮、小茴香、桂皮、香叶、甘草等各少许，大葱3节，姜1块，生抽1汤匙，老抽1汤匙，白糖1汤匙，盐2汤匙，五香粉1/2茶匙等。

【工艺流程】牛肉切块→焯水→冷水浸泡→酱制→煨制→切片装盘。

【制作方法】

①牛肉洗净，切成10厘米的大块。锅中倒入清水，大火加热后，将牛肉放入，在开水中略煮一下，捞出，用冷水浸泡，让牛肉紧缩。

②将丁香、花椒、八角、陈皮、小茴香、甘草装入调料盒中（或自制纱布料包中），桂皮和香叶容易拣出，可直接放入锅中。大葱洗净切成3节，姜洗净后用刀拍散。

③砂锅中倒入适量清水，用大火加热，依次放入香料、大葱、姜、生抽、老抽、白糖、盐、五香粉。煮开后放入牛肉，继续用大火煮约15分钟，转入小火到肉熟。用筷子插一下，能顺利穿过即可。将牛肉块捞出，在通风、阴凉处放置2小时左右。

④将冷却好的牛肉，倒入烧开的汤中小火煨半小时。煨好后盛出，冷却后切薄片即可。

【制作要点】

①掌握好香料的用量。

②掌握好牛肉加热的时间和火候。

【成品特点】牛肉酥香，回味无穷。

酱鸭

【用料规格】鸭子1只（1750克），白糖100克，熟甜面酱100克，香油25克，黄酒50克，酱油100克，姜片10克，葱结12克，五香调料4克，花生油1500克等。

【工艺流程】鸭子焯水→加调料焖透→收稠卤汁。

【制作方法】

①鸭子由腋下开口，取出内脏，洗净，揩干水，用酱油抹遍全身。

②炒锅上火，舀入花生油，待油温七成热时，将鸭子炸至金黄色捞出，再放入砂锅，加五香调料、白糖、酱油、姜片、葱结、黄酒和少量清水，上旺火烧沸，移小火焖透取出。

③炒锅上火，加入鸭卤、熟甜面酱，放入鸭子烧沸，收稠卤汁，加入香油起锅，冷透后改刀装盘。

【制作要点】

①应使酱鸭酥烂不走形，否则影响美观。

②卤汁全部裹附在鸭身上。

【成品特点】色泽酱红，肉香味浓。

酱汁春笋

【用料规格】鲜春笋750克，甜面酱100克，虾子1克，白糖25克，味精1克，花生油500克，香油50克，鸡清汤250克等。

【工艺流程】笋初加工→切段→焐油→制酱汁→酱笋。

【制作方法】

①将鲜春笋切去根蒂，削去老皮，用刀剖开，切成4厘米长的笋段，用刀面将笋段轻轻拍松。用水将甜面酱化开，用汤筛滤去渣滓。花生油放入炒锅烧沸，去油腥味，冷却后待用。

②炒锅上火，舀入花生油烧至五成热，放入笋段焐油，倒入漏勺沥干油分。

③炒锅复上火，舀入花生油，放入甜面酱汁，加白糖，搅匀熬透，装盘待用。

④炒锅上火，舀入鸡清汤，投入虾子烧沸后放入笋段烧沸，待汤汁快要煮干时，放入甜面酱汁，用手勺不停地搅动，使汤汁逐步紧裹在笋上，加入味精，装盘后淋上香油即成。

【制作要点】

①笋段长短要相等，用鸡清汤、虾子煮入味。

②酱汁力求紧裹笋段，忌用猪油。

【成品特点】色泽酱红，酱味鲜浓，吃口脆嫩。

酱汁茭白

【用料规格】茭白1000克，甜面酱100克，白糖25克，虾子1克，味精1克，香油50克，花生油250克，鸡清汤250克等。

【工艺流程】茭白初加工→切条→熬甜面酱→酱汁茭白。

【制作方法】

①将茭白去皮，剖成两半，用刀拍松，切成4厘米长的条。甜面酱用水化开，滤去渣

滓。炒锅上火，舀入花生油25克，放入甜面酱、白糖炒透（去豆腥味），盛入碗内。

②炒锅上火，舀入花生油，烧至四成热时，放入茭白条焐油，倒入漏勺沥干油分。

③炒锅复上火，舀入鸡清汤，投入虾子烧沸后，放茭白，烧至汤汁快干时，加甜面酱，不停地炒拌，使卤汁紧裹在茭白上，加味精拌匀装盘，淋上香油即成。

【制作要点】

①必须选用好的茭白，取其嫩尖部分，黑心的茭白不能用。

②忌用猪油，因猪油的油脂冷却后会凝固，影响口味和外观。

【成品特点】色泽酱红，鲜嫩适口。

2.1.2　卤

卤是将原料放入调制好的卤汤中，用小火慢慢浸煮卤透，卤汤滋味慢慢渗入原料里。卤制菜肴具有醇香酥烂的特点。

卤是制作冷菜的常用方法之一。加热时，将原料投入卤汤（最好是老卤）锅中用大火烧开，改用小火加热，至调味汁渗入原料，使原料成熟或酥烂时离火，将原料提离汤锅。卤制完毕的材料，冷却后宜在其外表涂上一层油，一可增香，二可防止原料外表因风干而收缩变色。遇到材料质地稍老的，也可在汤锅离火后仍旧将原料浸在汤中，随用随取，既可以增加（保持）酥烂程度，又可以进一步入味。

按卤菜的成菜要求，卤法的操作流程如下。

调制卤汤→投放原料→旺火烧开转小火→成熟后捞出冷却。

首先是调制卤汤。卤制菜肴的色、香、味完全取决于卤汤。行业中习惯将卤汤分为两类，即红卤和白卤（也称清卤）。由于地域的差别，各地方调卤汤时的用料不尽相同。大体上常用的调制红卤的原料有：红酱油、红曲米、黄酒、葱、姜、冰糖（白糖）、盐、味精、大茴香、小茴香、桂皮、草果、花椒、丁香等；调制白卤常用的原料有盐、味精、葱、姜、料酒、桂皮、大茴香、花椒等。无论红卤还是白卤，尽管其调制时调味料的用量因地而异，但有一点是共同的，即在投入所需卤制品时，应先将卤汤熬制一定的时间，然后再下料。

其次，在原料入卤汤前，应先除去腥膻异味及杂质，动物性原料一般都带有血腥味，在卤制前，通常要经过焯水或炸制等预处理，一可去除原料的异味，二可使原料上色。

最后，把握好卤制品的成熟度。卤制品的成熟度要恰到好处。卤锅卤制菜品时通常是大批量制作，一锅卤水往往要同时卤制几种原料或几个同种原料。不同原料之间的料性差异很大，即使是同种原料，其个性差异也是存在的，这就给操作带来了一定难度。因此，在操作过程中，一是分清原料的质地。质老的置于锅底层，质嫩的置于上层，以便取料。二是掌握好各种原料的成熟要求，不能过老或过嫩。三是注意原料太多时，为防止原料在加热过程中出现粘锅、烧焦的现象，可预先在锅底垫上一个竹垫或其他衬垫物料。四是熟练掌握和运用火候，根据成品要求，灵活恰当地运用火候。习惯上，卤制菜品时，先用大火烧开再用小火慢煮，使卤汁的香味慢慢渗入原料，从而使原料具有良好的香味。

老卤的保质也是卤制菜品成功的一个关键。老卤，就是经过长期使用而积存的卤汤。这种卤汤由于加工过多种原料，并经过了很长时间的加热和摆放，原料中的鲜味物质都在其中，质量相当高。原料在加工过程中呈鲜味物质及一些风味物质溶解于汤中且越聚越多，形成了复合美味。使用这种老卤制作原料，会使原料的营养和风味有所增加，因而对于老卤的保存也就具有了必要性。通常认为对老卤的保存应当做到以下几个方面：定期清理，勿使老卤聚集残渣而形成沉淀；定期添加香料和调味料，使老卤的味道保持浓郁；取用老卤要用专门的工具，防止在存放过程中老卤遭受污染而影响保存；使用后的卤水要烧沸，从而相对延长老卤的保存时间；选择合适的盛器盛放老卤。

卤在冷菜材料的制作中使用广泛，其原料的适用范围一般是动物性原料，包括鸡、鸭、鹅及畜类的各种内脏；野味也是常用原料；极少数也有以植物性原料加工的，其料形一般以大块或整形为主，原料则以鲜货为宜，常见品种有卤猪肝、卤鸭舌、盐水鸭、卤香菇等。

卤仔鸡

【用料规格】仔鸡1只（约750克），白糖75克，桂皮5克，茴香5克，酱油100克，花生油750克，香油25克，黄酒100克，姜片10克，葱结10克等。

【工艺流程】仔鸡宰杀→煺毛→腌制→炸制→制卤水→卤制。

【制作方法】

①将仔鸡宰杀后放入八成热的水中去毛，从仔鸡腋下开一个小洞，去内脏后洗净，用清洁布擦干水，用15克酱油抹鸡身（鸡上色）。

②炒锅上火，舀入花生油，烧至七成热时，放入仔鸡，炸至金黄色，倒入漏勺沥油。

③炒锅复上火，舀入花生油50克，放入姜片、葱结、茴香、桂皮炸香，加清水（1000克）、酱油、黄酒、白糖烧沸后撇去浮沫，放入仔鸡，上小火焖至六成熟，改用旺火，加香油，收稠卤汁，取出仔鸡，冷却后装盘，浇上卤汁。

【制作要点】

①选用的仔鸡必须肥壮。

②鸡焖制时不宜太烂，否则不易切配装盘，影响外形和风味。

③鸡要上好色，并炸至金黄色。

【成品特点】五香扑鼻，鸡肉油润鲜嫩，色泽棕红油亮，咸中带甜。

卤肫仁

【用料规格】鸡肫6只（约300克），葱结15克，姜块（拍松）12克，茴香12克，桂皮5克，丁香10克，精盐3克，硝水10克，白糖10克，香油25克，酱油25克，黄酒40克，鸡清汤400克，花生油500克等。

【工艺流程】鸡肫初加工→洗净→剞花刀→腌制→浸泡→肫仁拉油→卤制。

【制作方法】

①先将鸡肫剖开，撕去老皮洗净，再将鸡肫仁剞上兰花刀纹，用精盐、硝水腌制3小时后洗净，然后放入清水浸泡半小时，洗净。

②炒锅上火，舀入花生油烧至七成热，先放入鸡肫拉油后捞出，再放入葱结、姜块、茴香、桂皮、丁香炸香。

③将炸香的葱结、姜块、茴香、桂皮、丁香和鸡肫一同放入锅中，加入鸡清汤、黄酒、白糖、酱油烧沸；移小火焖1小时收稠卤汁，淋上香油离火；取出肫仁切片装盘，淋上卤汁即成。

【制作要点】

①剞花刀时，深度约占肫仁的3/4，刀纹间距相等，深浅一致。

②肫仁拉油时油温约保持六成热，不宜过高或过低。

【成品特点】香味扑鼻，肫仁酥韧入味，呈棕红色。

金银猪肝

【用料规格】猪肝600克，生猪肥膘肉100克，黄酒50克，酱油100克，白糖25克等，香油、桂皮、茴香、虾子、姜片、葱结、精盐、味精等各适量。

【工艺流程】猪肝洗净→腌制→刀工处理→制作生坯→焯水→卤制。

【制作方法】

①先将猪肝洗净后放碗内，加酱油25克，黄酒10克，姜片2片，葱结1个，腌制2小时

至入味，再将猪肝平放在砧板上，用刀尖从猪肝的叶厚处平刺进去，刀尖在猪肝里左右稍拉，将筋络割断成口袋形。将生猪肥膘肉切成两长条，一头切尖，放碗内，加姜片1片、葱结1个、黄酒10克、精盐少许腌制2小时，入味后放入沸水锅内略烫，捞起冷却，分别从猪肝开口处插入肝内，用牙签封口，成金银猪肝的生坯。将金银猪肝生坯入沸水锅内焯水，洗净待用。

②将金银猪肝放入装有竹垫的砂锅中，舀清水淹没，加入酱油75克、黄酒30克、姜1片、葱结1个、白糖、虾子、桂皮、茴香，上大火烧沸。撇去浮沫，盖上压盘，移小火焖至酥透，倒入炒锅内，上大火收稠卤汁，加入味精，出锅，冷却后切成约0.5厘米厚的大片装盘，淋上香油即成。

【制作要点】

①猪肝开口时切忌碰破外膜。

②猪肝用酱油、猪肥膘肉用精盐腌制入味，各保其色。

【成品特点】口感鲜香，肥而不腻。

虎皮蛋

【用料规格】鸡蛋10只，姜片（拍松）5克，葱白段5克，桂皮5克，茴香3克，虾子1克，黄酒10克，香油15克，酱油10克，白糖25克，花生油500克等。

【工艺流程】煮鸡蛋→剥壳→炸鸡蛋→卤鸡蛋。

【制作方法】

①将鸡蛋煮熟，捞起放冷水中冷却，剥壳待用。

②炒锅上火，舀入花生油，烧至八成热时，放入鸡蛋，炸至金黄色捞出。原锅留少许油，先放入桂皮、茴香炸出香味，加清水、白糖、酱油、虾子、姜片、葱白段、黄酒，再放入鸡蛋，烧沸后移小火焖一下，使蛋卤透，拣去桂皮、茴香、姜片、葱白段，捞起鸡蛋，淋上香油即可。

【制作要点】

①鸡蛋煮熟后随即放入冷水中，便于剥壳。

②炸鸡蛋时油温要高，使鸡蛋外表起皱，卤制时容易入味，卤汁的口味要好。

【成品特点】鸡蛋表面似虎皮，呈金黄色，味香醇，咸中带甜。

卤兰花干

【用料规格】方干6块（400克），酱油25克，白糖10克，精盐2克，虾子1克，八角2克，花椒2克，麻油15克，花生油750克等。

【工艺流程】原料初加工→炸制→焖制。

【制作方法】

①先将方干放在冷水锅中，上火养透后，捞起晾凉。用直刀法在方干的一面划上平行刀纹，另一面以15°划上刀纹，成十字形刀纹，逐块拉开，放在太阳下略晒或风吹，成兰花干生坯。

②炒锅上火，舀入花生油，烧至油温八成热时，将兰花干生坯逐块放入油锅，两手持筷子夹住兰花干两头将其拉开炸至淡黄色捞出沥油。炒锅倒去油，放入酱油、虾子、白糖、八角、花椒、精盐，再将兰花干放入，舀入清水，上火烧沸后，移小火，焖至入味，再上火收稠卤汁，淋入麻油，起锅即可。

【制作要点】

①要选用质量好的方干，方干不能太大。

②划刀纹要掌握深度，一般深至三分之二，正反两面的刀纹交叉角度要掌握好，否则不宜拉开，回卤两次最好。

【成品特点】色泽酱红，刀工精细，形似兰花，拉开不断，口感咸鲜，香味浓郁。

清滋排骨

【用料规格】排骨500克，黄酒50克，精盐2克，酱油40克，白糖75克，醋40克，麻油30克，硝水5克，葱花5克，姜末5克，花生油500克等。

【工艺流程】原料初加工→腌制→炸制→烧制。

【制作方法】

①将排骨洗净，斩成一寸长的条块，放入钵中，用硝水、精盐拌和腌制4小时。

②炒锅上火，舀入花生油，烧至油温七成熟时，将洗净并沥干水的排骨入油锅炸至断生，倒入漏勺沥油。原锅上中火，放入葱花、姜末炸香，放入排骨，加清水500克烧沸。撇去浮沫，加上黄酒、白糖、酱油烧沸，移小火烧至八成熟时，再移至旺火，加醋，收稠卤汁，淋上麻油即可。

【制作要点】

①严格控制硝水的用量。

②排骨油炸时间不宜太长，保持一定的水分，易熟易酥。大火收稠卤汁，使滋汁全部附着在排骨上。

【成品特点】色泽光润红亮，酸甜适口。

胭脂鹅脯

【用料规格】鹅1只，盐8克，黄酒30毫升，白糖25克，蜂蜜10克，苹果500克等。葱段、姜片、桂叶、红曲粉、香油、清汤等适量。

【工艺流程】初加工→煮制→冷却→装盘。

【制作方法】

①将鹅宰杀，煺毛洗净。从背部用刀开膛取出内脏，洗净后用刀从脖颈处割下，将鹅体剖为两半，入锅内加水烧开，煮尽血水，捞出后另起锅加水、盐、黄酒、葱段、姜片、桂叶、苹果等煮至脱骨（保持原形状），取出骨即成鹅脯。

②将鹅脯置锅中，加入适量清汤、白糖、蜂蜜、盐、红曲粉入味，待汤汁浓时淋入少许香油即成。食时改刀装盘，衬以蓑衣王瓜围边。

【制作要点】

①鹅肉要清理干净。

②煮制一定要入味。

【成品特点】色泽红亮，口味醇香。

盐水鸭

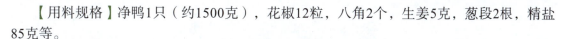

【用料规格】净鸭1只（约1500克），花椒12粒，八角2个，生姜5克，葱段2根，精盐85克等。

【工艺流程】初加工→腌制→烧制→装盘。

【制作方法】

①将净鸭去掉小翅和脚掌，在右翅肋下开一个6厘米长的小口，取出内脏，拉出食管和气管，疏通肛门，用清水浸泡洗净沥干。

②炒锅上火，放入精盐、花椒炒香后倒出待用。

③将净鸭放在案板上，取50克椒粒盐从刀口处塞入鸭腹内晃匀。另取25克椒粒盐擦遍鸭身，再将剩余的椒粒盐从刀口和鸭嘴内塞入，放入缸中腌制（夏天1～2小时，冬天4小时），取出后放入清卤内腌制（夏天2小时，冬天4小时），然后挂在通风的地方晾干，用6厘米长的竹管插于鸭肛门内，取生姜2克、葱段1根、八角1个从右翅刀口处塞入鸭腹内。

④汤锅加清水、生姜3克、葱段1根、八角1个烧开，将鸭头朝下放入汤锅内，使鸭全部淹没在汤内，烧至锅边起小泡，用小火焖20分钟，将鸭捞出控净腹内汤汁后，再入锅中焖15分钟，取出沥干，抽出竹管，晾凉后切条装盘即成。

【制作要点】

①初加工工序要心细。

②腌制时间要充足。

【成品特点】皮白肉红油润。桂花飘香时鸭肥美，咸香味醇。

2.1.3　酥

酥制冷菜是原料在以醋、糖为主要调料的汤汁中，经慢火长时间煨焖，使主料酥烂，醇香味浓。

酥主要有两种形式：一种是硬酥，一种是软酥。主料先过油再酥制的是硬酥，不过油直接将原料放入汤汁中加热处理的为软酥。可以酥制的原料很多，肉、鱼、蛋和部分蔬菜均可作为酥制的原料。酥制的主要环节在于制汤，其味型丰富多样，除以烧煮菜肴的基本味作为调味料外，尚可加入五香粉或其他香料的调味料。

酥制菜品一般是相对批量生产，成品要求酥烂，因而首先应当防止原料粘底。在酥制过程中，不可能经常翻动原料，甚至有的原料从入锅到出锅根本无法翻动，一定要加衬垫物，并将原料逐层排放。其次，原料及汤水的投放比例要准确，以免影响滋味的浓醇。酥菜制作时间一般较长，故放入的汤汁应比一般菜肴略多一些。开始加热时，以汤汁略高于原料为度。最后，酥制菜品讲究酥烂，为防止原料的形态被破坏，加热完毕后，必须冷却方可起料。

酥鲫鱼

【用料规格】小活鲫鱼750克，酱瓜丝50克，酱子姜25克，红大椒丝25克，葱丝50克，酱油50克，白糖25克，香油200克，黄酒150克，花生油1000克等，醋适量。

【工艺流程】鲫鱼初加工→剖开洗净→炸鲫鱼→燣制。

【制作方法】

①将鲫鱼去鳞腮，用刀从脊背剖开，去内脏，洗净，沥去水。

②炒锅上火，舀入花生油，烧至八成热时，放入鲫鱼炸至鱼身收缩，呈金黄色时，用漏勺捞起沥油。

③取砂锅1只，内放竹垫，放酱瓜丝15克，酱子姜10克，葱丝15克，红大椒丝10克。将鲫鱼的鱼背朝上、鱼头朝外逐层叠起，上面放酱瓜丝35克，酱子姜15克，葱丝35克，红大椒丝15克，加酱油、白糖、醋、香油、黄酒、清水（100克）。将砂锅上旺火烧沸，移小火焖2小时，收稠汤汁离火，取出竹垫，将鱼背朝上置于盘内，淋上卤汁即成。

【制作要点】

①选长7厘米左右的鲫鱼，力求一般大，不宜太大或太小。

②收稠卤汁时，应防止焦底。

【成品特点】呈酱红色，香酥入味，卤鲜汁浓。

糖醋排骨

【用料规格】排骨500克，香葱1棵，生姜1块，大蒜2瓣，淀粉10克，食用油500克（实耗45克），酱油10克，香醋10克，精盐5克，白糖10克，味精3克等。

【工艺流程】初加工→炸制→煮制→收汁。

【制作方法】

①排骨洗净剁成小段，生姜、大蒜洗净切片，香葱洗净切末。

②锅内放油，烧至五成热时，将排骨炸至表面呈焦黄色时捞出沥油。

③锅内留底油，加入精盐、酱油、味精、姜片、蒜片，与排骨同炒，倒入没过排骨面的温水，大火烧开，改小火炖煮30分钟。

④排骨入味香软时，加白糖、香醋、香葱末，用水淀粉勾芡，大火收浓汁即可。

【制作要点】糖和醋要最后放，酸甜的口味才能彰显出来。

【成品特点】色泽红润，酸甜醇香。

素脆鳝

【用料规格】鲜香菇约300克，大蒜30克，生姜10克，炒香芝麻10克等，盐、白糖、鸡汁、鲍鱼汁、豉汁、头抽、胡椒粉、干淀粉等少许。

【工艺流程】初加工→定型→炸制→调味。

【制作方法】

①鲜香菇去蒂，清除杂质后快速过水洗净，控干水后将鲜香菇平铺于大盘放入微波炉，高火加热至鲜香菇内水分渗出后（约1分钟）取出，用干净毛巾或厨房纸吸干水；用厨剪沿着鲜香菇伞面剪入，保持1厘米左右的宽度（注意不要剪得太窄了，油炸时香菇条还会稍为收缩）剪成长条形如鳝鱼形，剪至剩下中心最厚的部分弃之。

②依次将所有香菇剪成鳝鱼形细条状；将香菇条放入大容器中，撒上少许盐及胡椒粉抓匀，一边用筷子挑抖香菇条一边撒上干淀粉，使每根香菇条都均匀地包裹上淀粉。

③起油锅：取一口小锅注油七分满，点火加热，在油温七八成时，将香菇条逐条放入，炸至金黄焦脆时捞出控油备用，依此法分批将香菇条脆炸；大蒜去皮切末；生姜去皮切末；调制芡汁料：取1小碗，加入鸡汁小半杯、鲍鱼汁1汤匙、豉汁1茶匙、头抽1茶匙、白糖2茶匙及适量盐调匀。炒锅烧热下油，将蒜末、姜末，用中小火煸香，倒入调配好的芡汁料翻炒，将炸好香菇条倒入炒锅翻炒至入味挂汁浓稠时盛出，撒上炒香芝麻上桌。

【制作要点】干淀粉要在下锅炸时才能拌上，香菇条既要炸脆，又不能炸焦。

【成品特点】外形形似鳝鱼，质地酥脆，口味浓郁。

烤虾

【用料规格】河虾500克，姜葱丝50克，白糖50克，白醋20克，精盐2克，咖喱粉10克，鸡清汤100克，花生油500克（实耗75克），水淀粉5克等。

【工艺流程】河虾初加工→洗净→炸→烹汁。

【制作方法】

①河虾剪去爪须，洗净，沥去水。

②炒锅上火，舀入花生油，烧至六成热放入河虾，炸至轻浮，倒入漏勺沥油。

③炒锅再上火，舀入花生油25克，加姜葱丝煸出香味，放入河虾、鸡清汤、精盐、白糖，烧2分钟，加咖喱粉、白醋，用水淀粉勾芡，颠匀，起锅装盘即成。

【制作要点】

①选择的河虾要新鲜，大而整齐。

②咖喱粉需用油炒出香味。

【成品特点】虾肉鲜酥，咖喱辣香，呈淡黄色，甜酸适口。

烤章鱼

【用料规格】新鲜章鱼500克，生菜100克等，盐、色拉油、蚝油、生抽、料酒、辣椒粉、孜然等少许。

【工艺流程】初加工→腌制→烤制→装盘。

【制作方法】

①用盐将章鱼仔细揉捏、洗净，去掉章鱼头里所有的东西，改刀成小块，生菜撕成片备用。

②章鱼块放入碗中，加适量蚝油、生抽、料酒、辣椒粉、孜然抓捏腌制15～20分钟。

③将章鱼均匀刷上色拉油，撒上孜然，烤箱上层开最大档预热好，放在中层烤5～10分钟，放入用生菜垫底的盘中即可。

【制作要点】

①章鱼清洗干净。

②章鱼腌制入味。

③章鱼烤制时间要适宜。

【成品特点】色泽红亮，口味浓香。

剁椒小黄鱼

【用料规格】小黄鱼200克，剁椒100克等，香油、味精、葱、姜、料酒、酱油等适量。

【工艺流程】炸制→炒制→调味→装盘。

【制作方法】

①小黄鱼炸制金黄色。

②锅里烧油，倒入小黄鱼小炒片刻。

③放进剁椒炒匀，放清水将小黄鱼煮软，收汁，调入香油、味精、葱、姜、料酒、酱油等。

④炒匀，出锅冷却装盘即成。

【制作要点】

①炸制温度要适宜。

②收汁要浓厚。

【成品特点】色泽红亮，口味香浓。

2.1.4 熏

熏是将经过腌制加工的原料经蒸、煮、炸、卤等方法加热预熟，或直接将腌制入味的生料原料，置于有米饭锅巴、茶叶、糖等熏料的密封容器内，利用熏料烤炙散发出的烟香和热气，将原料熏制成熟的一种方法。经过熏制的菜品，色泽艳丽，熏味醇香，并可以延长保存时间。

熏法由来已久，在实际操作过程中，习惯上认为熏常用于以下几个方面：用来加工干制或腌制的原料。由于熏类原料具有独特的风味，且经常需要大量供应，为了使这些原料的保质期能够有效延长，因此采用此法加工。著名品种如各式火腿、腊肉等，用来加工制作热菜，用这种方法加工制作冷菜的不多。因为熏过的原料有较明显的烟香味，可以增加

菜肴的主味。

熏制菜肴的原料以动物性原料和海味品为主，如猪肉、鸡、鸭及蛋类等。

熏白鱼

【用料规格】白鱼1条（1000克），姜片250克，白糖100克，葱叶250克，潮茶叶50克，锅巴屑100克，花椒盐5克，酱油5克，麻油10克等。

【工艺流程】原料初加工→腌制→熏制。

【制作方法】

①先将白鱼去鳞剖肚去腮去内脏洗净，用洁布吸去水。再将白鱼剖成两片，一片连头，一片连尾，在白鱼身上每隔一寸划一斜刀，用花椒盐腌3小时后洗净，晾去水汽抹上酱油。

②锅内放潮茶叶、白糖、锅巴屑，架上铁丝络，放上葱叶、姜片，将白鱼放在上面，盖好锅盖（鱼离锅盖一寸），锅盖四周用纸密封。锅上火烧至封纸熏黄，黄烟过后冒白烟时，离火略焖，白鱼即熏好，取出，涂上麻油装盘即可。

【制作要点】

①白鱼一定要新鲜，腌制时要掌握好咸淡。

②刚熏时，火要大，直至原料上色，然后转小火熏透。

【成品特点】色泽棕红明亮，鱼肉熏香鲜嫩。

熏（鹌鹑）蛋

【用料规格】鹌鹑蛋12只，精盐2克，鸡清汤250克，麻油10克，潮茶叶50克，锅巴屑50克，白糖100克，葱叶100克等，姜适量。

【工艺流程】原料初加工→煮制→熏制。

【制作方法】

①先将鹌鹑蛋放入冷水锅，上小火煮沸，离火养熟，捞出鹌鹑蛋放入冷水中冷却，再剥去外壳。将每只鹌鹑蛋划四刀放入碗中，加鸡清汤、精盐浸渍入味，滗去汤汁。

②在铁锅中放入潮茶叶、锅巴屑、白糖，放上葱叶、姜，再将鹌鹑蛋放在上面，盖好锅盖，锅盖四周用纸密封。锅上火烧至封纸熏黄，黄烟过后冒白烟时，取出鹌鹑蛋，涂上麻油，一剖两半，皮面朝上叠入盘中即可。

【制作要点】

①鹌鹑蛋要浸渍入味。

②锅盖离铁丝络一寸，以便上色。

【成品特点】色呈棕红，细嫩鲜香。

2.1.5　水晶

水晶也叫冻，是指用猪肉皮、琼脂（又称石花菜、冻粉）等的胶质蛋白经过蒸或煮制，使其充分溶解，再经冷凝冻结形成冷菜菜品的方法。

制冻的方法分蒸和煮两种。习惯上认为以蒸为好。因为冻制菜品通常的质量要求是清澈晶亮、软韧鲜醇。蒸在加热过程中是利用蒸汽传导热量，而煮则是利用水沸后的对流作用传导热量。蒸可以减少沸水的对流，从而使冷凝后的冻更澄清、更透明。

饮食行业中加工冻制菜品习惯上有以下两种方法。

1）皮胶冻法

皮胶冻法是用猪皮熬制成胶质液体，并将其他原料混入其中（通常有固定的造型），使之冷凝成菜的方法。在实际操作过程中，根据加工方法的不同皮胶冻法又可以分为花冻成菜法和调羹（盅碟）成菜法。

花冻成菜法，就是将洗净的猪皮加水煮至极烂，捞出制成蓉泥状（或取出汤汁去皮），加入调味品，淋入蛋液，也可掺入干贝丝、熟虾仁细粒，并调以各式蔬菜细粒，冷凝成菜的方法。成品具有美观悦目、质韧味爽的特点，如五彩皮糕、虾贝五彩冻等。

调羹（盅碟）成菜法，是指在成菜过程中需要借助小型器皿如调羹、盅碟等，制作时，取猪皮洗净熬成皮汤，取盅碟等小型器皿，将皮汤置其中，放入加工成熟的鸡、虾、鱼等无骨或软骨原料（按一定形状摆放更好），冷凝成菜的方法。用此法加工的冻菜，除猪肉（用于制作肴肉）外，一般都应将原料加工成丝状或小片、细粒等。调味也不宜过重，以清淡为主。此法在行业中使用较普遍，如水晶鸡丝、水晶鸭舌等。

皮胶冻成菜的先决条件是冻的制作。首先是所用肉皮必须彻底洗净，达到无毛、无杂质的标准。在正式熬制前，应先将肉皮焯水后内外刮净，清洗后改成小条状入锅加热，便于熟烂。其次，在熬制皮汤时，要掌握好皮汤中皮与水的比例，一般以1∶4为宜。若汤水过多，则冻不结实；若汤水过少，则胶质过重，韧性太强。皮汤凝结后一般以透明或半透明为主，在熬汤时除用盐、味精、葱结、姜块及少量黄酒外，一般不用有色调味料和辛香料，防止因使用有色调味料而影响冻的成色。皮冻熬好后，根据成菜要求，添加所需调味品。

2）琼脂冻法

琼脂冻法是指将琼脂掺水煮化或蒸溶，浇在经过预热的原料上，冷却后使其成菜的方法。琼脂冻与皮胶冻相比，具有不同的质地和口感。通常情况下，琼脂冻较为脆嫩，缺乏韧性，一般用于甜制品的制作，有时也用于花色冷盘的衬底，或掺入其他原料作冷菜的刀面原料。琼脂冻类的菜品操作比较简便，成菜具有色泽艳丽、清鲜爽口的特点。琼脂冻的操作要领体现在以下几个方面，即所用琼脂一般为干制品，使用前用清水浸泡回软后，漂洗干净，再放入清水中煮化或蒸溶。若是制作甜品，可不加水，掺入冰糖，蒸至琼脂及冰糖熔化，倒入事先备好的容器中冷凝成型。应掌握好琼脂与水的比例，水加多了成品不易凝结，水加少了，凝结质老易于干裂，口感欠佳。琼脂与水的比例一般控制在1∶10左右为宜。

根据用途不同，琼脂在熬制过程中可适量添加一些有色原料，以丰富菜品色彩。例如，倘若要做海南清晨花色冷盘，可将绿色素加入熬制的琼脂中搅匀，倒于盘中使之冷凝，状如海水；也可将可可粉或咖啡调入琼脂中，使之凝结成褐色的冻，用于花色冷盘切摆刀面。

琼脂冻类菜品若无特殊用途，通常要借助成型器皿完成，例如草莓琼脂冻、什锦果冻等。

另外，近年来也常用鱼胶制作冻类冷盘。用鱼胶制作冷盘菜肴，适用于味较浓烈或色较重的菜品类型，如辣香鱼冻、果味鱼冻等。

冻制菜品是冷菜制作中常见的一种形式。适合于冻法成菜的原料很广泛，大多数无骨细小的动物性原料适宜用皮胶冻成菜法成菜，大多数植物性原料特别是水果类原料适用于琼脂冻法。

水晶肴肉

【用料规格】猪蹄髈（拆骨）2000克，精盐120克，黄酒15克，葱结2个，姜片3片等，花椒、八角、硝水等各少许，老卤、香醋适量。

【工艺流程】猪蹄髈去骨→腌制→泡水→水煮→压制。

【制作方法】

①猪蹄髈洗净，用细木签在肉面上均匀地戳一些小孔，洒上硝水（以50克水，放硝0.2克搅成水）来回揉透，使硝水通过小孔渗透到猪蹄髈内，然后放入缸内腌制几天（春秋天约2天，夏天约1天，冬天约3天），再将猪蹄髈放在冷水内浸泡1小时，以解涩味，取出，刮除皮上杂质，至皮和肉呈现白色为止，再用温水漂净。

②猪蹄髈放入锅内，加葱结、姜片、黄酒、花椒、八角和老卤，以淹没肉面为准，用旺火烧沸后，转小火焖煮1.5小时，将猪蹄髈翻转，再继续用小火焖煮1小时，至酥取出。猪蹄髈皮朝下放入盆内，舀出少量卤汁，撇去浮油，浇在猪蹄髈上，再用重物压紧，冷透后即成肴肉。食用时切片装盘，附上姜片、香醋小碟便成。

【制作要点】

①随着气候的变化，腌制猪蹄髈的用盐量和腌制时间也有所不同。

②掌握好猪蹄髈煮制的时间和火候。

【成品特点】颜色透明，香嫩不腻。

西瓜冻

【用料规格】西瓜瓤1000克，琼脂5克，冰糖200克，白糖150克等。

【工艺流程】琼脂溶化→西瓜去籽→西瓜瓤切丁→入锅→冷凝。

【制作方法】

①将琼脂入锅中溶化，并用筛箩过滤两次。

②西瓜去籽，切成细丁，其余榨出汁，去渣待用。

③将琼脂汁和西瓜汁同放入锅内，加白糖上火烧沸，然后倒入西瓜丁，舀入盘内，待冷却后放入冰箱冷冻凝固。另取一锅舀入清水400克，加冰糖200克上火烧沸，舀入碗内，冷却后也放入冰箱冷冻。

④取出西瓜冻，改刀排齐放在深盘内，将糖汁浇在西瓜冻上。

【制作要点】

①掌握好琼脂与西瓜汁的比例。

②制好的汁水，要晾凉后才能放入冰箱冷冻。

【成品特点】清凉爽口，软硬适度，切之不碎。

水晶猪皮冻

【用料规格】猪皮1000克，盐10克，白糖15克，八角10克等，蒜、醋汁、香菜等少许。

【工艺流程】初加工→煮制→冷却→装盘。

【制作方法】

①猪皮放入开水中煮5分钟，捞出用冷水冲凉，刮净猪毛和肥肉。

②将猪皮切成条或丁。

③将切好的猪皮放锅里，加一枚八角，加水超过猪皮的两倍。大火烧开后，改中小火煮1小时以上，用筷子沾上肉皮汁，用手沾肉皮汤感到很黏稠时即可倒入盆中，稍凉后放入冰箱内成冻。

④食用时调入蒜、醋汁，放点香菜。

【制作要点】

①猪皮一定要清理干净。

②选择猪背部的皮最好。

【成品特点】晶莹剔透，口味咸鲜。

外婆鱼冻

【用料规格】鳜鱼750克，蛋清75克，鸡蛋150克，胡萝卜片150克，生菜75克，豌豆25克，葱头片25克，芹菜段25克，介力片（琼胶）50克，清汤750克等，萝卜花、胡椒粉、盐、醋、味精等各少许。

【工艺流程】初加工→煮制→炖制→冷却。

【制作方法】

①将鳜鱼去头、去皮、洗净，放入锅内，加水及醋稍氽，去腥味，取出，过冷水冲凉；锅内另换清汤，下入鳜鱼、葱头片、胡萝卜片、芹菜段、胡椒粉等，上火煮熟，将鳜鱼捞出，去骨切成鱼片。

②鸡蛋煮熟去壳，削成花瓣，与豌豆、萝卜花、芹菜段、鱼片一起摆在模子里。

③介力片用冷水泡软后，把水滗出，与蛋清一起，用绑着的筷子稍打几下，放入鱼汤内，用小火炖1个小时左右，放入味精、盐调好味，过滤，放凉，注入模子内，开始少量注入，使鱼片定型凝固，然后全部注入，下冰箱成冻。

④食时，鱼冻扣盘中即可。

【制作要点】

①煮制火候要把握好。

②炖制需用小火。

【成品特点】晶莹透明，味美鲜香。

[评价方法]

口试、笔试，自评、互评。

[评价内容]

冷菜的概念、冷菜的烹调方法、冷菜的装盘以及花式冷盘。

[课后思考题]

1. 生制冷吃的烹调方法有哪些？

2. 了解冷菜制作的分类，说出生制冷吃与热制冷吃的区别。

3. 什么是水晶？分为哪几种形式？制作过程中有哪些注意点？

4. 什么是卤？简述常用卤法的操作过程。

模块3

冷菜拼摆的刀工

　　模块描述： 冷菜拼摆离不开刀工处理和刀技的发挥，主要表现在冷菜的制作和冷菜拼摆过程中。刀工运用得当，可使冷菜入味三分，拼制冷盘可使其外形完整、美观大方，以达到增进食欲的目的。因为冷菜所用的刀法考究、细腻、精制，所以，对要加工的原料要做到心中有数，才能做到下刀准确，得心应手。由于要加工的多为熟料，因此各种刀法在具体运用中也有所不同。根据不同的原料、性质施以不同的刀法，才能达到预期目的。

　　教学目标：

　　终极目标：掌握冷菜拼摆的刀工，对冷菜所有运用的刀工有一定的了解。

　　过程目标：直刀切、批、拍、剁、滚料切、剞刀、刻刀。

　　任务分解：

　　任务1　直刀轻切

　　任务2　直刀重切

　　任务3　批、拍、剁3种刀法

　　任务4　小滚料切

　　任务5　其他刀法

任务1　直刀轻切

[学习目的]

通过本任务的学习，要求学生对冷菜刀法中的直刀轻切有基本的了解和认知。

[教学方法]

讲授、情境教学、动画展示。

[任务驱动]

学习冷菜的刀法，直刀轻切适用于什么原理？和其他刀法有什么基本的区别。

[课程思政点]

注重细节

案例　开设餐饮门店，极为注重翻台率，因与效益直接挂钩，这就要求餐饮工作者以较快的工作节奏保证门店的正常运行，忙中有序，注意细节，尤其在切制菜品时，一定要将细节做好。

[知识链接]

切法是菜肴切制中最根本的刀法。切是刀身与原料呈垂直方向，有节奏地进刀，使原料均等断开的方法。

在制作菜肴的切制中，根据原料的性质和烹调要求，可分为直切、推切、拉切、锯切、铡切等5种方法。

3.1.1　直切

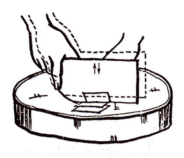

直切

直切一般是左手按稳原料，右手操刀。切时，刀垂直向下，既不向外推，也不向里拉，一刀一刀笔直地切下去。直切要求：第一，左右手要有节奏地配合。第二，左手中指关节抵住刀身向后移动，移动时要保持同等距离，不要忽快忽慢、偏宽偏窄，使切出的原料形状均匀、整齐。第三，右手操刀运用腕力，落刀要垂直，不偏里偏外。第四，右手操刀时，左手要按稳原料。

采用直切法，一般用于脆性原料，如青笋、鲜藕、萝卜、黄瓜、白菜、土豆等。

3.1.2 推切

推切

推切是刀与原料垂直，切时刀由后向前推，着力点在刀的后部，一切推到底，不再向回拉。推切主要用于质地较松散、用直刀切容易破裂或散开的原料，如叉烧肉、熟鸡蛋等。

3.1.3 拉切

拉切

拉切是在施刀时，刀与原料垂直，切时刀由前向后拉。实际上是虚推实拉，以拉为主，着力点在刀的前部。拉切适用于韧性较强的原料，如千张、海带、鲜肉等。

推切与拉切都是运用手腕力量，动作也大体相同，不同的是推切由后向前，拉切由前向后。初学时，只有较熟练地掌握了直切刀法后，才能运用推切、拉切两种刀法。最好先从推切学，后再练拉切。

3.1.4 锯切

锯切

锯切也称推拉切。锯切刀法是推切和拉切刀法的结合，锯切是较难掌握的一种刀法。锯切刀法是刀与原料垂直，切时先将刀向前推，然后再向后拉，这样一推一拉像拉锯一样向下切将原料切断。

锯切原料时要求：第一，刀运行的速度要慢，着力小而匀。第二，前后推拉刀面要笔直，不能偏里或偏外。第三，切时左手将原料按稳，不能移动，否则原料会大小薄厚不匀。第四，要用腕力和左手中指合作，以控制原料的形状和厚薄。

锯切的方法在冷菜制作中运用较多，但在实际运用中根据原料的性质，还要采用与其他刀法相结合的方法进行操作。如切煮白肉时，就要采用先锯切肥膘，待刀刃切进瘦肉时再直刀切下。这样才能保证刀面光滑、细腻，形状美观利落，也避免了肥瘦肉相脱节和瘦肉撕碎起毛现象。锯切刀法一般用于较厚无骨而有韧性的原料或质地松软的原料切成较薄的片形，如回锅肉、火腿，面包等。

3.1.5 铡切

铡切

铡切是直刀法的一种行刀技法，操作方法有以下3种。

①右手握住刀柄，将刀提起，使刀柄高于刀的前端，左手按住刀背前端使之着墩，并使刃口的前部按在原料上，然后对准要切的部位用力压切。

②右手握住刀柄，将刃口放在原料要切的部位上，左手握住刀背前端，左右两手同时用力压。

③右手握紧刀柄，将刀刃放在原料要切的部位上，左手用力猛击刀背，使刀猛铡下去。铡切适用于加工带壳的或体小而形圆易滑以及略带小骨头的生料或熟料，如蟹、油鸡、烧鸭和带壳的蛋类等。

刀法要求：第一，刀要对准原料所切部位，并保持原料不能移动，下刀要准；第二，不管压切还是摇切都要迅速敏捷，用力均匀。

铡切刀法一般用于处理带有软骨、细小骨或体小、形圆易滑的生料和熟料，如鸡、鸭、鱼、蟹、花生米等。

3.1.6 切制菜肴时还应注意以下方面

①切制原料粗细薄厚均匀，长短一致，否则原料生熟不一致。

②凡经过刀工处理的原料，不论丝、条、丁、块、片、段，必须不连刀。

③根据原料质地老嫩、纹路横竖，按不同烹调要求，采用不同的切法，如肉类原料，筋少、细嫩、易碎的肉，应顺纹路切，筋多、质老的要顶纹路切，质地一般的要斜路切。

④注意主辅料形状的搭配和原料的合理利用。一般是辅料服从主料，即丝对丝，片对片，辅料的形状略小于主料。用料时要周密计划，量材使用，尽可能做到大材大用，小材小用，细料细目，粗料巧用。

 任务2　直刀重切

[学习目的]

通过本任务的学习，要求学生对直刀重切有基本的了解和认知。

[教学方法]

讲授、情境教学、动画展示。

[任务驱动]

冷菜中经常用到的刀法，要知道什么是直刀重切，在冷菜制作过程中有什么作用，和直刀轻切有什么基本的区别。

[课程思政拓展点]

忧患意识

案例　门店后厨的设施较多，环境比较杂乱，刀具摆放不整齐，安全隐患较多，这时就需要严格的规章制度，检查各类设施，也需要一个和谐的工作环境氛围，共同面对这些隐患，解决问题。

[知识链接]

直刀重切是指从原料上方垂直向下猛力运刀断开原料的直刀法。根据运刀力量的大小（举刀高度）分为斩和劈两种。

3.2.1　斩

斩适用于带骨但骨质并不十分坚硬的原料，如鸡、鸭、鱼、排骨等。斩又可分为直斩和拍斩两种。

斩

1）直斩

直斩是一刀斩下直接断料的刀法。

直斩的操作要领：

（1）小臂用力，刀提高与前胸平齐。运刀看准位置，落刀敏捷、利落，要一刀两断，保证原料大小均匀。斩的力量以能一刀两断为准，不能复刀，复刀容易产生一些碎肉、碎骨，影响原料形状的整齐美观。

（2）斩有骨的原料时，肉多骨少的一面在上，骨多肉少的一面在下，使带骨部分与砧板接触，容易断料，同时又避免将肉斩烂。

2）拍斩

拍斩是将刀放在原料所需要斩断的部位，右手握住刀柄，左手高举在刀背上用力拍下去，将原料斩断的一种刀法。拍斩可用于斩鸡头、鸭头、板栗等。

拍斩的操作要领：一般适用于圆形、体小而滑的原料，因为滑，需要落刀的部位就不易控制，所以把刀固定在落刀线上面以手用力拍刀将原料斩断。

3.2.2　劈

粗大或坚硬的骨头，应使用劈的刀法，如劈猪头、龙骨等。劈又可分为直刀劈和跟刀劈两种。

劈

1）直刀劈

直刀劈是将刀对准原料要劈的部位用力向下直劈的刀法，一般适用于体积较大的原料，如劈整只猪头、火腿等。

直劈的操作要领

（1）操作时，右手大拇指与食指必须紧紧地握稳刀柄，将刀对准原料要劈的部位直劈下去。

（2）劈要用腕力持刀，高举到与头部平齐，用臂膀之力劈料。下刀准，速度快，力量大，一刀劈断为好，如需复刀必须劈在同一刀口处。

（3）左手按稳原料，应离开落刀点有一定距离，以防伤手。如劈时手不能按稳，则最好将手离开，只用刀对准原料劈断即可。

（4）劈时要充分考虑安全因素，不能乱劈，防止砍伤或震伤手指与腕背。

2）跟刀劈

跟刀劈是将刀刃先嵌入原料要劈的部位，刀与原料一齐提起落下砧板的一种刀法。跟刀劈一般适用于下刀不易掌握、一次不易劈断而体积又不大的物料，如猪肘、鸡腿、鱼头等。

任务3　批、拍、剁3种刀法

[学习目的]

通过本任务的学习，要求学生对冷菜刀法中的批、拍、剁3种刀法有基本的了解和认知。

[教学方法]

讲授、情境教学、动画展示。

[任务驱动]

作为冷菜中经常用到的刀法，要知道什么是批、拍、剁，在冷菜制作过程中有什么作用。

[课程思政拓展点]

防范意识

无论是学校实训室器材、平时课程所用原料，还是门店经营的公共财产都需要维护和妥善保管，通过防范意识的角度试分析如何操作。

[知识链接]

批、拍、剁3种刀法属于混合刀法，以剁为主，剁原料时为防止原料跳动，有时要进行拍或劈的刀法，然后再剁。如剁鸡，首先从鸡肉厚的地方劈开胸骨部位，再竖起，直刀用手拍击刀背使其分开，找出刀面，再一刀一刀剁下去，最后再按鸡的原形码在盘中。

3.3.1　批

批又称片。批也是处理无骨韧性原料、软性原料，或是煮熟回软的动物和植物性原料的刀法，就是用批刀把原料批成薄批。施刀时，一般都是将刀身放平，正着（或斜着）进行工作。由于原料性质不同，方法也不一样。大体有推刀批、拉刀批、斜刀批、反刀批、锯刀批和抖刀批6种技法。

1）推刀批

推刀批

推刀批是左手按稳原料，右手持刀，刀身放平，使刀身和菜墩面呈近似平行状态，刀从原料的右侧批入，向左稳推，刀的前端贴墩子面，刀的后部略微抬高，以刀的高低控制所要求的原料的薄厚。左手按稳原料，但不要按得过重，在批原料时，以不移动为准。随着刀的批入，左手指可稍翘起，用掌心按住原料。推刀批多用于煮熟回软或脆性原料，如熟笋、玉兰片、豆腐干、肉冻等。

2）拉刀批

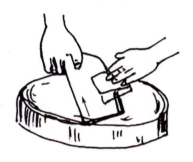

拉刀批

拉刀批是平刀法的一种行刀技法。具体操作是用左手手指按稳原料，右手执刀，将刀身放平，使刀面与墩面接近平行，力点在刀刃的前端，由前向后（由外向里）推入原料批下来。

在刀法运用上，要结合原料的厚薄形状进行。一般可由原料的底部向上批，也可从原料的上部或底部批。如果采用从原料的底部起批的批法，应以菜墩的表面作为依据掌握原料的厚薄。用这种批法可以批成同原料相等的批，也可以将小块原料批成一张大批。方法是，当刀批到末端时不割断，展开已批好的批，把原料调过头来，依法再批第二批，直至批完为止。

拉刀批一般适用于加工略带韧性和软性的原料，如肉批、鸡批等。

3）斜刀批（坡刀批、抹刀批）

斜刀批

斜刀批通常用于质地松脆的原料。其刀法是左手按稳原料的左端，右手持刀，刀背翘起，刀刃向左，角度略斜，批进原料，以原料表面靠近左手的部位向左下方移动。由于刀身斜角度批进原料，批成的块和批的面积较其原料的横断面要大些，而且呈斜状。如海参批、鸡批、鱼批、熟肚批、腰子批等，均可采用这种刀法。斜刀批的要求是把原料放稳在墩子上，使其不移动，左手按稳被压部位，与右手运动有节奏地配合，一刀挨一刀地切批下去。批的薄厚、大小以及斜度的掌握，主要依靠眼力注视两手动作和落刀部位，同时，右手要牢牢地控制刀的移动方向。

4）反刀批

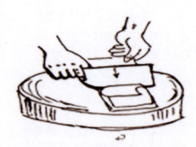

反刀批

反刀批与斜刀批的原料大致相同，不同的是反刀批的刀背向里（向着身体），刀刃向外，利用刀刃的前半部工作，使刀身与菜墩呈斜状。刀批进原料后，由里向外移动。反刀批一般适用于脆性易滑的原料。要求左手按稳原料，并以左手中指上部关节抵住刀身，右手推刀紧贴着左手中指关节批进原料。左手向后的每一次移动，都要掌握同等距离，使原料形状、厚薄一致。

反刀批的要求：第一，左手按稳原料，并以左手中指上部关节处抵住刀身；第二，右手执刀，使刀紧贴着左手中指的关节批进原料；第三，左手向后移动时，应掌握同等距离，使批下来的原料厚薄、形状能够大体一致。

这种刀法一般适用于加工脆性或易滑动的原料，如茭白、大白菜、莴苣和鱿鱼等。

5）锯刀批

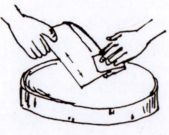

锯刀批

锯刀批是推拉的综合刀技。施刀时，先推批，后拉批，使刀一往一返都在工作，是专批（无筋或少筋）瘦肉、通脊类原料的刀技。如鸡丝、猪肉丝，就是先用锯刀技，批成大薄批，然后再切丝。

6）抖刀批

抖刀批

抖刀批的刀法是将刀身放平，左手按稳原料，右手持刀，批进原料后，从右向左移动。移动时刀刃要上下抖动，要抖得均匀。抖刀批一般用手美化原料形状，适合于软性原料。这种刀法是把原料批成水波式的批状，然后再直切，就形成了美观的锯齿，如皮蛋批、豆腐干丝等。

3.3.2　拍刀法

拍

拍刀法是将刀放平，用力拍击原料，使原料变碎和原料平滑等。如用拍可使蒜瓣、鲜姜致碎，也可用拍刀法使肉类不滑，肉质疏松。

3.3.3　剁

剁

剁又称斩，一般用于无骨原料。此方法是将原料斩成蓉、泥或剁成末的一种方法。根据原料数量决定用双刀剁还是用单刀剁。数量多的用双刀，又叫作排剁（斩）；数量少的用单刀。剁（斩）的要求是：两手持刀，要保持一定的距离，不能太近或太远，两刀前端的距离可以稍近，刀根的距离可稍远。剁是运用手腕的力量，从左到右，然后再从右到左，反复排剁（斩）。该方法操作时两手交替使用，要有节奏地做到两只手此起彼落。同时，要将原料不断地翻动。其次，排剁（斩）时，不要提刀过高，在剁前将刀放在清水中沾一下，以防止蓉末粘刀或飞溅。在斩蓉时，为了达到细腻的效果，可配合用刀背砸。单刀剁可用于剁带骨的鸡、鸭、鱼、兔、排骨、猪蹄等原料，方法虽然简单，但落刀要准，力求均匀。形状的大小，一般以"骨牌块"较为适宜。

任务4　小滚料切

[学习目的]

通过本任务的学习，要求学生对冷菜刀法中的小滚料切刀法有基本的了解和认知。

[教学方法]

讲授、情境教学、动画展示。

[任务驱动]

作为冷菜制作中经常用到的刀法，要知道什么是小滚料切，在冷菜制作中有什么作用。

[课程思政拓展点]

创新意识

案例　不定时地进行新菜品的创新研发，自由组配食材。

[知识链接]

滚料切法是左手按稳原料，右手持刀不断下切，每切一刀将原料滚动一次。根据原料滚动的姿势和速度决定切成片或块。一般情况是滚得快、切得慢，切出来的是块；滚得慢、切得快，切出来的是片。这种滚切法可切出多样的块、片，如滚刀块、菱角块、梳子块等。滚料切法的要求是左手滚动原料的斜度要掌握适中，右手要紧跟着原料滚动掌握一定的斜度切下去，保持原料大小薄厚均匀。

滚料切法多用于圆形或椭圆形脆性蔬菜类原料，如萝卜、青笋、黄瓜、茭白等。大多用于经过腌制或卤、拌而成的素料。冷菜中的滚料切要求细致、均匀，切出的块形较小，因而又叫"小滚料切"和"梳子背"，也就是将原料切成一端薄、一端略厚的块形。如拌冬笋、拌青笋就采用这样的刀法。其目的主要起到入味均匀、食用方便的作用。

任务5　其他刀法

[学习目的]

通过本任务的学习，要求学生对冷菜中的其他刀法有基本的了解和认知。

[教学方法]

讲授、情境教学、动画展示。

[任务驱动]

知道除常规刀法外的其他刀法，在冷菜制作中有什么作用。

[课程思政拓展点]

变通意识

案例　在实际菜肴操作中，不能按部就班，要根据客人及实际需要进行变通，以满足实际需求为宜。

[知识链接]

3.5.1　剞刀

剞刀，有雕之意，又称为剞花刀。剞刀是采用几种切和片的技法，将原料表面划上深而不透的横竖各种刀纹。经过烹调后，可使原料卷曲成各种形状，如麦穗、菊花、玉兰花、荔枝、核桃、鱼鳃、蓑衣、木梳背等形状。剞刀使原料易熟，并保持菜肴的鲜、嫩、脆，使调味品汁液易于挂在原料周围。剞刀对刀口深度有一定的要求，一般为原料的2/3或4/5左右。剞刀分推刀剞、拉刀剞、直刀剞。

1）推刀剞

推刀剞

推刀剞的技法与反刀片相似，用左手指按住原料，右手持刀，刀口向外，刀背向里，刀身紧贴左手中指上关节，片入原料2/3左右，深度要相等，距离要均匀。

2）拉刀剞

拉刀剞

　　拉刀剞与斜刀片相似，以左手按住原料，右手持刀，刀身向外，刀刃向里，将刀剞入原料，由左上方向右下方拉原料的2/3左右。
　　3）直刀剞

直刀剞

　　直刀剞与推刀切法相似，只是不能将原料切断。
　　刀法在剞刀的应用上，可分为一般剞和花刀剞两种。一般剞只是在原料上剞上一排刀纹，如烹制整尾鱼时，即可用拉刀剞法。花刀剞是剞刀法最常用的一种，用这种方法切制而成的原料，多呈各种美丽的形状，既为菜肴增加美观，又便于原料入味。常见的有麦穗花刀、荔枝花刀、梳子花刀、蓑衣花刀、菊花花刀、球形花刀等。这些花刀在冷热菜制作中均可应用，具体用于冷菜拼摆中就要根据不同的需要，采用其中各种方法配在冷盘中。如黄瓜用梳子花刀加工后就可以在冷盘中作为松叶、水草等点缀用。菊花花刀加工的制品在冷盘拼摆中可做成既能食用又能装饰的花朵、麦穗。球形花刀均可按具体的要求用于单盘或彩色拼盘之中。

3.5.2　刻刀

　　刻刀是混合刀法的一种。其特点是采用专门刀具和特殊刀法，用某些烹饪原料雕刻成平面的或立体的花卉、鸟兽、山水、鱼虫等各种实物形象。
　　刻刀的基本技法可分为切、削、直刻、旋、戳、挤压6种。切，一般用于平口刀操作，是食品雕刻中一种辅助刀法。削，用平口刀操作，是雕刻前使用的一种刀法。操作方法是左手托住原料，右手大拇指顶住刀背，其余四指握住刀把，用力向前推削或向后拉削，直至原料符合雕品的外形要求。直刻，一般用于平口刀操作，是同其他刀法配合雕刻的一种简单而又常用的刀法。旋，用平口刀操作，是多种雕品所必需的一种配合刀法。操作方法是左手和右手的拇指滚动原料，右手其余四指握住刀把，刀口倾斜向下，随着拇指的方向旋转，右手旋转要有一定弧度。戳，一般用于圆口刀操作，操作方法是左手托住原料，右手拇指和食指捏住刀的中部，刀身压在中指上，刀口向前，向下平推或斜推。挤压，是用各种模型刀操作，操作方法是原料放在木板上，右手拿刀，刀口向下对准原料用力挤压，使其成雕品的实体模型。

刻刀是一种特殊的技艺，不仅可以美化单个菜肴，而且可使整个席面艳丽多姿。刻刀所用的原料一般多是质地细密、坚实、色泽鲜艳的瓜果和根茎类蔬菜，如白萝卜、胡萝卜、马铃薯、地瓜、红苤兰、冬瓜、西瓜等。

冷菜中的雕刻原料一般以加工成熟的原料为主。雕成原造型可直接配入冷菜中，既增加色彩，又给人以美的享受。冷菜中常用的雕刻方法分为以下两种。

1）立体雕刻法

立体雕刻法就是将整块成熟的原料，雕成各种立体或半立体造型，如大型彩拼"龙凤呈祥"中的龙头及凤头等，均采用这种方法雕刻而成。

2）平面雕刻法

平面雕刻法就是用各种不同造型的模具刀，采用挤压方法，将原料刻出不同形状的实体，再切出不同形状的薄批或厚批。如彩色冷盘"凤凰展翅"中的凤尾，就是将蛋白糕用凤尾模具刀挤压成实体，再顶刀切成凤尾批码摆而成；又如禽兽的眼睛及各种花瓣、花叶等，都采用这种方法完成。

[评价方法]

不同刀法的实际运用及操作。

[评价内容]

以原料为载体，强调对直刀轻切，直刀重切，批、拍、剁3种刀法，小料滚切，其他刀法的理解掌握。

[课后思考题]

1. 冷菜拼摆的刀工内容主要包括哪些？
2. 简述冷菜拼摆中常用刀法与特殊刀法有哪些。
3. 直刀轻切包含哪些刀工处理方法？适用的原料分别有哪些？请举例。
4. 批、拍、剁作为冷菜制作过程中的常用刀法，在冷菜制作中各有什么作用？

模块4

冷菜拼摆基础

模块描述：此模块是冷菜拼摆的基础部分，为以后冷菜拼摆制作打下基础。本模块包含冷菜拼摆的色彩设计、冷菜拼摆的造型设计、冷菜拼摆的基本法则。

教学目标：

终极目标：掌握冷菜拼摆基础色彩设计、造型设计，并对拼摆较好的冷菜作品有一定的鉴赏能力。

过程目标：学习冷菜拼摆的色彩搭配、造型搭配，并学会一些基础搭配。

任务分解：

任务1　冷菜拼摆的色彩设计

任务2　冷菜拼摆的造型设计

任务3　冷菜拼摆的基本法则

任务1　冷菜拼摆的色彩设计

[学习目的]
通过本任务的学习，要求学生对冷菜拼摆的色彩设计有基本的了解和认知。

[教学方法]
讲授、情境教学、图片展示。

[任务驱动]
色彩是冷菜造型构成的主要因素之一。无论是简单的或是复杂的冷菜造型，都不能在加工制作的过程中回避色彩问题，都不能不考虑色彩与食用、色彩对生理和心理的影响。学生要学会自觉地应用并更有效地发挥色彩在冷盘造型中的作用。

[课程思政拓展点]
提升意识
案例　餐饮从业者在工作的同时，不能忘记对自己个人能力的提升，成长是需要时间积累的。

[知识链接]

4.1.1　色彩的基本知识

1）色彩与光

一切色彩都离不开光。科学证明：波长为400～750纳米的光，能引起人们的视觉，称为"可见光"。在可见光范围内，不同波长的光又能使人获得不同的光感，这就形成了不同的色彩。因此，色彩是一定波长的光映在视网膜上所形成的感觉。

2）色彩三要素

色彩三要素是对色彩定性、分类的依据。任何一种颜色都同时具有色相、明度、纯度3个方面的属性，一般称为"三要素"。当人表述或寻求某一色彩时，需从这3个方面去把握，进行定性、定量的分析。

（1）色相：又称色别、色种，就是颜色种类的名称，如红、黄、绿、黑、白、橙黄、紫红等。从光学意义上来说，色相便是波长的别名。各物体色彩上的差异，便称为色相上的差异。色相是色彩最根本的和最重要的属性。

（2）明度：又称光度、亮度、明暗度，是指色彩本身因光照强度不同而产生的明暗程度。同一色在强光照射下明度就高，在弱光照射下明度就低。6种标准色相按明度从强到弱的排列顺序为，黄、橙、红、绿、青、紫。如在烹饪原料中，柠檬黄色明度最高，紫菜色明度最暗，绿菜色居中。黑、白两色是明度的两极，白色为所有颜色中最亮的颜色，黑是最暗的极点。

（3）纯度：又称饱和度、鲜艳度。纯度是指色相本身的纯净程度。分布在色环上的原色或系列间色，都是具有高纯度的色。如果将上述各色与黑、白、灰或补色相混合，其纯度会逐渐降低，直至鲜艳的色彩感觉逐渐消失。

　　3）物体的基本色彩

　　人的视觉所感受到的色彩现象称为视觉色彩。物体的基本色彩，即光源色、固有色、环境色，是视觉色彩最基本的构成部分，现分述如下。

　　（1）光源色：光源本身的色彩。光源色的变化，势必导致在它照耀下的物体色彩的变化。不同色相的光源色变化时，对于物体色彩变化的影响能力各有大小，大致以红光最强，白光次之，其次为绿、蓝、青、紫等。

　　在餐饮活动中，光源色的变化与人的食欲密切相关。心理学家伊顿在其《色彩艺术》一书中指出了这样一个实验事实，"一位实业家准备举行舞宴，招待一批男女贵宾。……当快乐的宾客围住摆满了美味佳肴的餐桌就座之后，主人便以红色灯光照亮了整个餐厅。肉食看上去颜色很嫩，使人食欲大增。"

　　（2）固有色：物体本身的颜色，是物体在特定条件下的一种呈色状态及这种呈色状态在人们头脑中的固化。

　　（3）环境色：由环境色彩所产生的物体固有色的变化。例如，一张灰色纸片，将其放在黑色底子上显得发亮，而放在亮底上又显得发暗，放在暖底上会显得发冷，放在冷底上又显得发暖。在生活中也经常遇到这样的例子，用同样的墨汁写在白纸上的字迹显得乌黑，而写在红纸上的字迹有青绿色；一朵白花在红色背景映衬下会呈现粉红色，在绿色背景映衬下则呈现粉绿色。

　　上述事例说明，任何一种物体的色彩都不是孤立存在的，而是彼此辉映，既受到特定色彩环境的影响，又构成这一特定环境的组成部分，并将一部分色光反射出来影响着其他物体。

　　物体的基本色彩由光源色、固有色、环境色三者共同构成，并且由于在不同情况下，三者作用的此强彼弱，为物体色彩增添了许多奇趣多变的内容。

4.1.2　色彩的味觉联想与表情作用

　　色彩的本质是波长不同的光线，本无什么"感情"可言。但是，在人们眼里，世界的一切变化及其对人生带来的影响，无不通过色彩记忆的形式在人们的心灵深处留下烙印。所以，当人们看到某种颜色（或色组）时，便不由自主地联想到在生活中所遇到过的与此相关的感觉，从而引起心理上的共鸣。

　　色彩引起的感觉，有冷暖感、重量感、距离感、运动感、胀缩感等，味感是其中的一种。色彩与味的联觉作用，在中国古老的阴阳五行说中，认为青色的相应味觉是酸味，赤是苦味，黄是甘味，白是辣味，黑是咸味。现代心理学家也做了广泛的调查试验。美国一家色彩研究所的实验报告是将同样浓度的咖啡分盛在红、黄、绿3种颜色的玻璃杯中，人们品尝后报告的味觉印象却是黄杯中的味淡，绿杯中的味酸，红杯中的味美而浓。日本的一位学者调查的结果是黄、白、桃红色是甜，绿色是酸，灰、黑是苦味的，白、青是咸味的。西欧国家也有类似的试验报告。从这些报告中可以看出，色彩的味觉作用受多种因素的影响，不能把它绝对化，认为某一种色彩就一定代表着某种味觉。但是大量的生活经验的积累又使人们对很多具体食品的色彩与味觉的联系形成了带有共同性的认识。

1）红色

红色常被称为火色，色性最暖，容易使人产生热烈兴奋的感觉，是与味觉极为密切的颜色。红色系列的冷菜原料有熟火腿、盐水大虾、酱肉、肴肉、酱鸭、红曲卤鸭、熟虾脑、红肠、香肠、胡萝卜、红辣椒、草莓、番茄、山楂糕、红枣、红樱桃、樱桃脯、苹果酱、红腐乳、红油等。它们使人有鲜明浓厚的香醇、甜美、温润、成熟、有营养、够刺激的快感。

红色是我国民间婚姻喜事、寿辰、重大节日等喜庆场面的代表色，象征着幸福美满、喜庆吉祥、友好真诚。

2）黄色

黄色光度很高，色性亦暖，具有光明、高贵、豪华、神秘、超然的意味。黄色系列的冷菜原料有熟鲍鱼、黄蛋糕、熟鸡蛋黄、油发鱼肚、肉松、各种油炸品、黄胡萝卜、黄玉米仁、橘子、黄番茄、竹笋、嫩姜、白果、菠萝、柠檬、咖喱粉等。

黄色的食物给人明快、清新、甘美、香酥、甜酸、娇嫩的感觉。黄色与金色组合，具有华丽、富贵的感觉。

3）橙色

橙色是红与黄的混合色，是一种兼有红色的火热和黄色的光明的色彩，它具有热烈、温暖、富丽、辉煌、华美的感觉。橘红色和橘黄色就是两种以成熟水果为名的橙色的同类色。橙色的冷菜原料有椒盐鳜鱼条、油炸糖制"琉璃"食品、红卤蘑菇、油焖冬笋、素火腿、素烧鸭、酱汁腐竹、橙子、橘子等。它们具有成熟、香甜、纯正、鲜美的味觉快感。

4）绿色

绿色是生命色，是大自然的主宰色。自古以来，人类便生活并渴望永远生活在绿色的怀抱中。绿色象征着春天、新生、青春、和平、希望、茂盛，它和人类生活有着极为密切的关系。所以，人们对于绿色的认识与感受也是尤为深刻的。

冷菜原料有很多来自绿色植物，如拌药芹、泡莴笋、菠菜松、油菜松、盐味青椒、生拌黄瓜、盐味豌豆苗、清汁绿笋、凉拌香椿、美味西芹、拌苦瓜、拌香菜、绿樱桃、青萝卜、熟嫩豌豆、熟嫩蚕豆、嫩冬瓜皮、水烫蒜叶、油焙蒜苗、炝韭菜薹等。在众多的绿色食物中，有的呈嫩绿色，有的呈浓绿色，有的呈淡绿色，有的呈葱绿色，有的呈青竹色，还有的呈墨绿色、橄榄绿等。它们给人以清鲜、鲜嫩、爽口、淡雅、平和的味觉享受。

绿色的冷菜在炎热的夏季能给人以凉爽，解心中烦躁闷塞之感；穿插在暖色、浓厚、油腻的菜中，给人以清淡、醒目、宁静、舒坦的感觉。

5）青色

青色与蓝色为同类色，在习惯称呼上，两者常混淆不清。蓝色是自古以来就被人们拒绝在食品中使用的色彩，尽管现代的烹饪技术完全能够改变这一点。假如有人把白斩鸡做成深青色的，把卤冬笋变成艳蓝色的，将会产生什么结果是可以想象的。但是，青花瓷盘作为菜肴盛器而被广泛使用，又意外地将青色接纳为冷盘色彩的一种陪衬，并带给人一种清净、大方、幽雅、别致的感觉。

6）紫色

紫色中既含青色又含红色，因而也具有双重性格。紫色用之不当，令人忧郁、厌烦、不安，损害味感；用之恰当，使人有幽雅、脱俗、神圣之感，增益于味觉。紫色的冷菜原料有紫茄子、紫菜、洋葱、紫包菜、紫葡萄等。紫色夹于他色之中，色彩效果尤佳，例如，紫菜蛋卷即是。而用紫葡萄作硕果累累冷盘造型的构成部分，则有妙趣天成的感觉，又可带来自然果味的体验。

7）褐色

褐色又称茶色、咖啡色。褐色的冷菜原料有葱油海蜇头、酱猪肝、酱牛肉、卤茶叶蛋、卤鲜香菇、卤花菇、鸡汁口蘑、香酥海带、凉拌石花菜等。褐色给人以浓郁、芬芳、香酥的味感。褐色象征着温暖、朴实、庄重、刚劲、健康。

8）白色

白色是极色之一，属于明、阳、近、轻的极端色。白色的象征意义是光明、纯洁、娇美、清雅、脱俗、圣洁。

白色的冷菜原料有熟蛋白、熟蛋白糕、熟虾仁、熟净鱼肉、熟鲜贝、熟蟹肉、熟乌鱼、熟鸡脯肉、熟猪里脊肉、熟菱白、白萝卜、熟绿豆芽、盐味大白菜、豆腐、拌白木耳、油炸粉丝等。白糖、白醋、精盐等则是具有味觉的色。白色给人的味感大多是清鲜、爽快，而鲜咸味、本味突出清洁、卫生是白色类冷菜留给人的特别印象。

9）黑色

黑色是与白色相对的极色，属于冷、阴、暗、退、远、重的极端。黑色多被看作消极色，具有悲哀、不幸、阴郁、恐怖的意义。但黑色又象征着健康、庄重、坚实、刚毅。

黑色的冷菜原料有熟水发海参、水发发菜、水发黑木耳、皮蛋、熟鳝鱼背脊肉等。黑色的味觉具有味浓、干香、耐寻味的特点。黑色在冷盘色彩应用中是一种很可贵的色彩，使用得当，效果极佳。

4.1.3　色彩在冷盘造型中的应用

1）冷盘造型色彩应用的特点

冷盘造型色彩是烹饪师运用各种艺术和技术的手法，根据冷盘造型的实际需要，对烹饪原料固有色相进行组合，使色彩及其被赋予形象的艺术感染力得到充分的发挥，达到更为理想的食赏两利的效果。其特点有以下4个。

（1）实用性。冷盘是供人们食用的，这是不可改变的根本特征。所以，在服从和服务于实用的前提下，冷盘造型应该使色彩的感情象征意义和实用意义紧密地结合起来，达到高度统一的效果。

为了达到实用性要求，冷盘造型色彩的设计和运用必须特别注意以下3点。

①以牺牲原料的品质特性为代价，再好的色彩的获取也是无意义的。

②以损害菜肴的美味为代价，再好的色彩搭配也会变得一文不值。

③以损害人的健康为代价，滥用人工合成色素，即便是最美艳的色彩也会是令人憎恶的。

（2）理想性。冷盘造型的色彩不是对自然物象的写实和逼真，也不以自然色彩的美为满足，而是一种理想化的表现。在自然界中的荷叶是绿色的，而冷盘"荷叶"是五颜六色的，它化单调贫乏为生动活泼、丰富多彩。自然界中许多禽鸟、蝴蝶的色彩纷繁，而冷盘中它们的色彩却化繁为简了，特征也更突出了。

当然，理想性不是随意的，而是以自然色彩的某些特征为基础，以对理想色彩效果的向往为依据，通过合理的大胆夸张，创造出来的更富有暗示性、装饰性的理想化色彩。从这种意义上说，冷盘造型的色彩是一种更讲究形式美的"人造色彩"。

（3）因材制宜。冷盘造型是根据烹饪原料的质地，特别是其固有色的美，加以充分利用，在此基础上进行设计构思，使原料原有的色彩美得到保持和发挥，使形象更典型、更理想。

很多冷盘原料色彩本来就有天然美，如红色的火腿、碧绿的西芹、黄色的蛋糕、洁白的鱼片等，如果不能通过设计利用发挥天然美，而是全凭臆想，滥施乱赋色彩，为西芹着上红装，为鱼片染上绿色，其结果只能是糟蹋了原料的天然美，反见丑陋。

因材制宜还要求巧妙地利用既定条件下的原料的质和色。有许多烹饪原料由于质感上的区别，使它们即使在相同色相的情况下，也各有不同的色彩美感。因此，在实际应用中，要尽量发挥它们各自的美感特征，恰到好处地把它们设定在能扬其所长的位置上，以显"巧夺天工"之美。

总之，在冷盘造型色彩设计中，要充分利用和发挥原料本身的固有色彩，获得设计思想与材料特性的高度统一和谐，由材料得到设计的启发，由设计而使材料的美感达到更理想的效果，相得益彰，创造出优秀的冷盘造型。

（4）必须适应造型工艺条件。冷盘色彩应用既受原料色彩的制约，也受到造型工艺的制约。所谓受原料色彩的制约，是因为可供选择和应用的原料色彩毕竟是很有限的，所以要扬长避短、因材制宜。所谓受造型工艺的制约，是因为冷盘造型的工艺条件、工艺方法有其自身的特点和某种规定性，违背了这种规定性反而不美。比如咸鸭蛋适合切块而不适合切片，如果不考虑这种特性，硬是切成薄片反而破碎不堪；酱牛肉宜于顶丝切薄片而不适合切成大块使用，否则即便设色再好，也是徒劳。又比如，有些原料在制熟前色泽艳丽，但制熟后色泽晦暗，而有些原料色泽变化则正好相反，还有些原料则需要在加工过程中控制色彩变化的条件，才能获得美好的色彩。所以，冷盘造型色彩的应用，要与冷盘制作工艺方法和条件相适应，不能脱离和无视加工工艺的制约与规定，凭想当然应用色彩。只有这样，才能拼制出具有较高食用价值的优秀冷盘作品，才能凸显出具有冷盘造型工艺特点的意趣之美。

2）冷盘造型的色彩组合

冷盘造型色彩组合的总要求：既要有对比，又要有调和。没有对比就无法传达造型形象，没有调和就不能形成艺术美感。因此，冷盘造型的色彩组合，就是要妥善处理好色彩的对立统一关系。

（1）对比色的组合。对比就是一种差异，当并置两种或多种色彩比较效果能看出不同时，就是对比。对比色运用得当，能以其鲜明的对照、浓郁的气氛、强烈的刺激，赋予冷盘造型独特的效果。对比色的组合方式很多，从色彩属性看，有色相对比、明度对比和纯度对比；从色彩对比效果看，有强烈对比和调和对比；从相对色域的大小看，有面积对比等。

①色相对比。色相对比是指由两种或多种色彩并置时因色相不同而产生的色彩对比现象。在色相对比中，临近色的对比属于调和对比，如红色与紫红、橙红的对比。在

这些颜色中，红是它们共同性因素，比较接近调和色的组合效果。在色相环上，相隔120°～180°颜色，由于相同的因素变少，相异的成分增加，色彩的对抗性显著增强，这类对比色的组合，属于强烈对比。

最强烈的对比色组合莫过于补色对比，如黄与紫、红与绿等。它们的组合，双方互相有力地反衬着对方，彼此都得到了增强，如红与绿，红者更红，绿者更绿。所以，在冷盘造型色彩的应用中，补色组合，尤其要避免等量配置，以免显得太刺激，并因相互抗衡与排斥，产生没有调和余地的感觉。恰当的组合方法是将一种颜色作为主色调，另一种颜色作为辅色调，从而产生强烈的对比效果。诚如中国古诗所颂的那样，"万绿丛中一点红，恼人春色不须多""两个黄鹂鸣翠柳，一行白鹭上青天"，这是色彩对比美的赞歌，也是启发对比色组合在冷盘造型中应用的最形象的范例。

②明度对比。在明度对比中，既有同色与异色明度对比之分，又有强对比与弱对比之别。同色明度对比如绿孔雀拼盘的深绿、绿、浅绿的亮度差异，异色明度对比则在普通冷盘的菜与点缀及盛器、花色拼盘的色彩设置中，利用不同色彩的明暗差别形成对比。

在明度对比中，特别要引起注意的是黑白对比。黑与白，一是最暗的极点，一是最亮的颜色，明暗跨度最大，对比最强烈，应用得当，能获得明亮的色彩效果，给人以清晰醒目、情怀激荡之感。例如，八卦冷盘中央的太极图，在周围八面拼排的簇拥下，黑白互衬，白的显得更亮，黑的显得更黑，强烈的反差使之成为整个造型注意的中心，倍感明艳夺目。

在明度对比中，还要处理好菜肴与盘子之间的色彩关系。在白色盘子里，所有色感觉明度变暗，尤其是黄色原料与白明度差最小，可视度变低；在灰色盘子里，绿色、橙色原料等由于明度近似，对比减弱；黑色盘子里，黄色、橙色原料明亮而鲜艳，对比效果好。总之，在实际应用中要准确把握明度关系的处理，摒弃成见，通过反复比较、实验、调配，从杂乱中找出秩序，提高整体造型的表现力。

③纯度对比。在冷盘造型色彩应用中，我们发现了这样的纯度对比规律，即在同一色相中，纯度不同的颜色产生对比时，纯度高的越显鲜艳，纯度低的越加混浊。

纯度较高的冷菜色彩原料鲜明、突出，富有动感，因其艳丽夺目，可称为"显艳色"。在一个冷盘造型中，纯度高的鲜艳色彩是最引人注目的，一点、一小块便有"点石成金"的妙用，使整个造型鲜活起来。例如，蝴蝶冷盘中蝶须的色彩设置，常用晶莹碧红的一点红樱桃饰在须端，正是这"一点红"使"蝴蝶"有了灵动感，产生了翩然飞舞的幻象。

但是，具有鲜艳色彩的冷菜原料是不多的，要利用有限的色彩原料，表现物象色彩的丰富变化，主要借助于色彩对比增加表现效果。因此，色彩鲜艳的原料切不可盲目滥用，而是要"惜墨如金"。认真研究一些优秀的冷盘造型，就会发现色彩明快、明亮的并不一定都使用鲜艳色彩的原料，而往往以大面积不胜鲜艳的原料与少量鲜艳的原料互相搭配、互相调节，达到丰富、鲜明而和谐的效果。以孔雀拼盘设色为例，孔雀尾屏的基色即上复羽是用蓑衣黄瓜或葱油海蜇铺垫，其纯度较低，"翎眼"则用瓷白色的卤鸽蛋与鲜红的樱桃镶嵌，其纯度较高，正是这样的组合才有了整个造型五彩斑斓、光华四射的感觉。

（2）调和色的组合。调和色又称姐妹色或类似色。调和色在某种属性方面具有较强的共同因素，关系显得亲近共处或并置时能互相调和。调和色组合恰当，有素雅简朴、优美柔和、统一协调的效果。调和色的组合有两种，一种是同种色的组合，另一种是同类色的组合。

①同种色调和。同种色是基本色相相同的一组颜色，它们的主要区别在于明度不同，并置在一起时，显得异常亲近和相像，犹如同血统的亲姐妹一样，属姐妹色中关系最亲近的一类。例如，酱红色的牛肉、深红色的火腿、鲜红色的大虾、粉红色的火腿肠……在这些以红色为基本色相的系列冷菜原料中，酱牛肉与熟火腿的颜色因相差不大，并置在一起，调和的意味更浓。而酱牛肉与火腿肠并置在一起，因这两种颜色相差较大，调和的意味便淡了些。如果将这些不同的红色的冷菜原料组合到一个造型中，整个而言，仍然是属于调和色的组合。

②同类色调和。同类色是在色相上既互有区别又互相类似，彼此间你中有我、我中有你的一组颜色。尽管它们各自所含的两色比例不等，但并置在一起，依然不难发觉，它们相互之间也是颇为亲近和相像的。

同类色应用于冷盘造型中，如带红橙、橙、黄橙不同颜色的原料，虽然其调和印象稍弱于同种色，相异的因素略强了，但由于其色相上较接近，有共同的色相因素，因此总的色彩效果仍是较为调和的。

（3）色彩效果的调和。怎样才能使冷盘造型色彩的运用更美呢？清代画家方薰指出："设色不以深浅为难，难于彩色相和。和则神气生动，不则形迹宛然，画无生气。"的确，只有整体色彩效果的调和，才能给人以和谐的美感。

色彩效果的调和是一种恰到好处的安排，即是包容多种色彩因素有机组合的整体印象，这种印象从任何一个优秀冷盘造型的使人愉快的色彩中都可以获得。例如，对比色的调和，在面积相近时，因两者势均力敌而无调和感，当改变面积对比，提高一色的主导地位时，另一色的抗争能力便被削弱，组合效果趋向调和，而这种调和又是以强烈对比为基础的，所以显得十分生动。

又如，在过于以调和色为主的组合中，可以以对比色作为点缀，形成局部的小对比，使原本平淡单调、缺乏精神的色彩，变成充满活力的色彩画面，这种活力是蕴藏在调和色之中的，又是从这其中勃发而生的，所以它是生机无限的。

在冷盘造型中有相当一部分采用的是多色组合而成的，其色彩布局的总体调和效果，尤显重要。"五彩彰施，必有主色，以一色为主，而他色附之"，这来自前人的设色经验可谓一语中的。为主的一色，是冷盘造型全体色彩的统治者、主宰者，其余各色都在不同程度上倾向于它、衬托它，形成以它为代表的整个色彩效果的协调和谐。这种色彩整体布局的基本方法，通常是以大块面色彩的方法，或是各色之中都包含有某种共同色彩因素等方法，取得协调，形成整体色彩效果的调和，而在这调和之中，又常以面积大小对比或补色对比等手法，形成丰富的变化。

（4）色调的处理。色调是我们从冷盘造型中所见到的色彩的主要特征与基本倾向，是与冷盘造型要表现的内容、艺术处理意图、应用的环境、特定的气氛条件密切相关的。

色调的划分，有的依据色相分类，分为红调子、黄调子、绿调子、紫调子……有的依据明度分类，分为亮调子、中间调子、暗调子……有的依据纯度分类，分为艳调子、灰调子……但是用整体观察的方法，最先引人注目的又能见出微妙差异的是色性的冷暖倾向，这是提炼一切色彩因素的纲。

①冷调与暖调。色调倾向于红、橙、黄色为暖调，色调倾向于青、蓝、绿、紫色为冷调。暖调具有膨胀感、近色感；冷调则有收缩感、远色感。暖调色彩使人兴奋，冷调色彩让人沉静。

在单色原料构成的冷盘中，其冷暖倾向显而易见，而在多色原料构成的冷盘造型中，其冷暖倾向因表现的主题不同而各有不同。如"龙凤和鸣""丹凤朝阳""锦鸡报春""吉庆有鱼""金鸡唱晓"等冷盘造型，表现的主题是喜庆、向上的，色彩布局以暖色为主，渲染的便是欢快的节奏和炽热的气氛。又如"翠马戏花""红嘴绿鹦鹉""迎客松""荷塘映月"等冷盘造型，表现的主题是宁静、悠闲的，因而色彩布局上突出冷色，观之倍觉幽雅、疏旷、空明。当然，所谓冷调与暖调又是相对的，是在具体的色彩环境中、既定对比条件下获得的色性感觉。

冷调与暖调，互相对立又相辅相成。暖调要靠冷色反衬才更加绚丽明亮，冷调要靠暖色烘托和调节才具有更深的韵味。巧妙运用色彩冷暖变化的节律来调节视觉上的平衡，无论是单碟冷盘造型或是多碟组合造型，都能取得很好的艺术效果。

②暗调与亮调。在分析色彩的冷暖同调的同时，不应忽视色彩的明暗变化，这是色调设计的重要关键。暗调沉稳厚重，如山、石、松树、雄鹰等造型，便是以深色原料为主拼接而成的。亮调鲜明艳丽，如"春色满园""向日葵""锦绣花篮"等造型，则是以饱和度较强的色相为主进行处理的。

但是，无论暗调还是亮调，都是由色与色之间的光度、色度所产生的关系左右的。暗调虽没有五彩缤纷的绚丽感觉，但是需要亮色的点缀、衬托，否则会给人阴郁消沉的印象。亮调虽没有浑厚古朴的凝练感觉，但需要暗色均衡、制约，否则会给人飘忽不定、浮躁不安的感觉。所以，在冷盘造型的设色中，暗调或亮调的选择，应根据造型形象的需要进行设计，或耐人寻味，或使人爽朗愉快。

3）应用中常见的问题及克服方法

冷盘造型的色彩应用，需要通过长期的实践才能运用自如，熟练地掌握。在这一过程中，常因"心有余而力不足"，出现如下几种弊病。

（1）脏。所谓"脏"，是指画面视觉感觉邋遢，或某些局部的设色违背了客观规律给人感觉到"脏"。如拼摆雄鹰时，有人把鹰嘴做成鲜红的直嘴状，把鹰爪做成亮黄的鸡爪形，把鹰尾做成翠绿的梯形，而其余部分都是由明度纯度较低的原料做成的。这样的设色给人的感觉就是脏的。其实，色彩本身无所谓脏与不脏，但是当某种色彩用于造型后，同形象的色调形成错误的色彩关系时，脏的感觉自然而生。鲜红、亮黄、翠绿三色虽漂亮，但成为鹰之嘴、爪、尾的颜色，便成了"脏"颜色，破坏了整个色彩基调。

克服设色"脏"的办法最主要的是多观察被塑造的物象的色彩，熟悉和掌握色彩冷暖、明暗的变化规律，注意调整画面的色彩关系。

（2）乱。"乱"是指形象各个部分的颜色互不相干、杂乱无章地凑合在一起，不能形成统一色调，色彩的表现力大部分被削弱在"内耗"中。它给人的感觉是混乱的、烦躁的，画面的主题也被淹没在一片喧嚣中。如拼接蝴蝶时，有人把多种色相的原料不分层次地错杂放置，错误地认为这是创造绚丽的色彩感觉。殊不知，由于主观臆断，忽视了色彩之间的种种联系，不懂得色彩关系既要求对比更要求统一，因此，"乱"也就在所难免了。

克服"乱"的办法是多用比较的方法认真区别各种色相的原料，并筛选出最适合的不同色彩的原料。从冷盘造型适合近距离欣赏的特点出发，通过分层次、有序的变化，注意整体的冷暖倾向，并从整体上把握色彩的对比与统一。

（3）火。"火"主要是指用色生硬，造型的局部或全部用色简单化或过度夸张，使人产生一种不舒服的感觉。造成色彩"火"的最主要原因是制作者对烹饪原料色彩认识的简单化，他们往往用孤立、静止的认识方法对客观物象实行简单归类，片面地突出某种颜色的个性，追求所谓的亮丽鲜艳，不能对不同色彩的原料进行认真观察和区分，不进行认真选择与调配，不善于表现色彩的丰富变化，造成整体色彩效果不协调。曾有这样一个孔雀开屏的设色布局，用人工合成色素将蛋卷、蛋糕调制得红艳艳的，在屏上分隔摆放了两层，翅上摆了最前端一层，身上又摆了两片，让人一看就有僵直生硬、刺目的不和谐感觉。

克服"火"的方法主要是认真观察分析客观物象，认识色彩的冷暖变化，研究其丰富性、多样性，慎重使用极鲜艳色彩的原料，逐步掌握色彩应用规律，把不同色彩的原料安置得恰到好处，给人清新明快、活泼爽朗的美感。

 任务2　冷菜拼摆的造型设计

[学习目的]

通过本任务的学习，要求学生对冷菜拼摆的造型设计有基本的了解和认知。

[教学方法]

讲授、情境教学、图片展示。

[任务驱动]

作为冷菜拼摆中的重要一环，要知道如何进行冷菜拼摆的造型设计。

[课程思政拓展点]

独立意识

案例　餐饮从业者个人能力得到提升，在具备了独当一面能力的同时，应明白自己能力的成长对应需要承担更大的压力和责任。

[知识链接]

4.2.1　冷菜拼摆造型的构图

构图是冷菜拼摆造型艺术的组织形式。冷菜在拼摆过程中如果缺乏构图上的合理组成，就会显得杂乱无章，极不协调。因此，在冷菜造型构图时，必须认真运用造型美的法则，对造型的形象、色彩、组合进行认真的推敲和琢磨，处理好整体与局部的关系，使冷菜造型获得最佳的艺术效果。

冷菜造型的构图不同于一般绘画艺术，是与一定的食用目的相联系的，同时需要选用烹饪原料，通过工艺制作体现。因此，它受到食用目的的制约，也受到原料制作工艺条件的限制。

冷菜造型的构图具有显著的特点，应有规律、有秩序地安排和处理各种形象。它具有一定的形式、有较强的韵律感。掌握冷盘造型的构图规律要注意以下几点。

1）构思

精心构思是冷菜造型构图的基础。在冷菜拼摆构图过程中，必须考虑到内容与形式的统一，做到布局合理、结构完整、层次清晰、主次分明、虚实相间。

构思可以取材于现实生活，也可以取材于某些遐想。因此，在冷菜拼摆构思过程中，可以充分发挥想象力，尽情地表达内心的思想感情与意境，逐渐确定冷菜的整体布局，再深入细致地表现每个局部形象，做进一步的艺术加工。

2）主题

冷菜造型的构图要从整体出发，其题材、内容、结构，要主次分明、主题突出。突出主题可采用下列方法。

①把主要题材放在显著位置。

②把主要题材表现得好一些，刻画得细致一些，或色彩对比鲜明、强烈一些。

3）布局

构图要严谨。在冷菜造型过程中，解决其布局问题是至关重要的，主要题材的定势、定位，要考虑整体气势，其余题材物象都从属于这个布局和总气势，达到气韵生动且具有较强的艺术感染力的目的。

4）骨架

骨架是冷菜造型的重要格式，它如同人体的骨架、花木的主干、建筑的梁柱，决定着冷菜造型的基本布局。

在冷菜构图时，初学者必须在盘内先定出骨架线。方法是在盘内找出纵横相交的中心线，使之成为十字格，如果再加平行线相交，就成为井字格，便于烹饪原料的准确定位拼接。

5）虚实

任何冷菜造型都是由形象与空白组成的。"空白"也是构思的有机组成部分。中国绘画的构图中讲究"见白当黑"，也就是把虚当作实，并使虚实相间。对冷菜造型构图来说，巧妙的虚实处理是构图的关键之一。

6）完整

冷菜造型构图在表现内容上要求完整，避免残缺不全；在构图形式上要求统一，结构上要合理有规律，不可松散、凌乱；对题材的外形也要求完整，从头到尾不使意境中断。

4.2.2 冷菜造型的变化

冷菜造型的变化是把取之于自然或遐想中的题材处理成冷菜造型形象，它是冷菜造型设计的一个重要组成部分。通过造型变化，把现实生活或遐想中的各种题材形象，加以处理成适用于冷菜造型的图案纹样。没有这个过程，就不能成为冷菜实用造型。

现实生活中的自然形态或遐想中的理想形态，有些不适应冷菜造型的要求或不符合冷盘工艺拼接条件，因而不能直接用于冷盘造型。所以，造型需要经过选择、加工、提炼，才能适用于一定的烹饪原料拼接制作。

冷菜造型的变化不仅要求在构图上完美生动，具有高于生活的艺术效果，而且要求经过变化，具有造型设计密切结合冷菜工艺要求的特点，使冷菜符合"经济、食用、美观"的原则。造型变化的过程正是提炼、概括的过程。变化的目的是造型设计，而造型的设计是为了美化冷菜造型。任何时候，冷菜造型都不能脱离冷菜拼摆制作工艺而孤立存在，它必须密切结合冷菜拼摆制作工艺和原料的特点，才有发展前途。

1）冷菜造型变化的规律

冷菜造型的变化是在选取自然生活或遐想中的题材的基础上加以分析和比较，提炼和概括的过程。为此，我们必须对题材进行不断的认识、反复比较和全面理解。如我们粗看梅花、桃花的花朵，认为都是五瓣的花形，但仔细观察会发现，桃花花朵的花瓣是尖的。这就是通过仔细观察，找出了它们之间的共性和个性以及形态特征。只有经过一定的思考、比较，才能在造型变化时对每类花的品种（包括各类动物以及山水风景等）特征有较为扎实的掌握。在认识了自然界的物象之后，如何把它们变成冷菜造型图案，就需要进行一番设想和构思，这一过程在冷菜造型艺术中显得尤为重要。所谓设想，就是如何体现制作者进行制作的意图。例如要变化一朵花、一片叶，就必须先考虑它起什么作用，用何种原料进行拼摆，达到什么效果等。所谓构思，就是如何把设想具体地表达出来，如用什么表现手法、什么样的构图造型，以及用什么色彩和选用何种原料等。

冷菜造型图案的设想源于丰富的生活知识，大胆的想象力、创造性，既要根据客观对象，又不为客观物象所束缚。要紧紧抓住物象美的特征，敢于设想、创造，才能获得优美的冷菜造型，达到冷菜造型变化的目的，使冷菜造型丰富多彩。从雄鸡造型的变化可以看出，经过一系列变化后，雄鸡的外形由繁到简、由具体到抽象，每一步变化的图样都能被冷盘造型工艺所采用。

2）冷菜造型变化的形式

冷菜造型的变化是一种艺术创造，但变化的原则是为宴席主题服务的，同时，必须与烹饪原料的特点相结合。冷菜造型变化的形式和方法多种多样，为了使冷菜造型形象更典型、更完美、更感人，掌握冷菜造型变化的基本形式是非常有益的。

（1）夸张变形。夸张，是冷菜造型的重要手法。它采用加强的方法对物象代表性的特征加以夸张，使物象更加典型化，更加突出、感人。

冷菜造型的夸张是为了更好地写形传神。夸张必须以现实生活为基础，不能任意加强什么或削弱什么。例如，梅花的花瓣，将其五瓣圆形花瓣组织成更有规律的花形，使其特征经过夸张后更为完美；月季花的特征是花瓣结构层层有规律地轮生，则可加以组织、集中、强调其轮生的特点；还有牡丹花的花瓣，其曲折的特征；向日葵的花蕊、芙蓉花的花脉等特征，都是启发人们进行艺术夸张的依据。

又如夸张动物，孔雀的羽毛是美丽的，特别是雄孔雀的尾屏，紫褐色中镶嵌着翠蓝的斑点，显得光彩绚丽。因此，在以孔雀为题材的冷菜构图时，应夸张其大尾巴，头、颈、胸的形象都可有意缩小些。在用原料进行拼摆造型时，应选择一些色彩较鲜艳的原料。金鱼眼大、腰细、尾长，是它们共同的特征。其颜色有红、橙、紫、蓝、黑和银白等，其形态的变化也较大，这一众多的变化在金鱼的名字上得到了生动的体现。如"龙眼""虎头""丹凤""水泡眼""珍珠鳞"等，其形态的夸张要抓住这些特征，有规律地突出局部。在造型拼摆时，要处理好鱼身与鱼尾的动态关系，因而鱼尾可拼摆大些，但不宜过厚。如果盘底四周用淡绿色或淡蓝色琼脂加以处理，效果会更佳，更显得逼真，色彩更加明快和谐。松鼠的尾巴又长又大，与它身躯相差无几。但松鼠蓬松的大尾巴却很灵活，松鼠活泼，动作敏捷，其小身躯和大尾巴形成一种对比，冷菜构图造型时可强调这一对比。而熊猫就没有那么灵敏，圆圆的身体，短短的四肢，缓慢的动作，特别是它在吃嫩竹或两两相戏时，使人感到一种雅趣。

由此可见，恰当地夸张能增加作品的感染力，使被表现的动物更加典型化。如金鱼的长尾，恰当地夸张会更美丽传神；蝴蝶的双须、双尾若适当加长，会更具灵性和飘逸感；鸟的双翅变大，能增加凌空飞翔的动势；松鼠尾巴的加长、加粗，显得更敏捷可爱……如果说，写实只是按照物象原来的样式靠模仿造型反映物象、再现物象的话，那么，夸张则是在不失物象原有精神风貌的前提下，靠变形、创造夸张物象本质特征塑造形象、表现形象。所以，夸张离不开变形，只有变形才能夸张。但是，夸张不可过分，应夸张其本质，反映对象的神韵；变形不可离奇，应变得更美、更具有感染力。那种只凭主观臆想、牵强造作的方法、只见局部不顾整体的方法、刻意追奇逐丽不顾冷菜造型工艺制作与食用特点的方法，都是不可取的，有违冷菜造型艺术的初衷。

（2）简化。简化是为了把形象刻画得更单纯、更集中、更精美。通过简化去掉烦琐的不必要部分，使物象更单纯、完整。如牡丹花、菊花等，都是丰满的花形，但它们的花瓣往往较多，全部如实地加以描绘，不但没有必要，也不适宜在实际冷菜造型中进行拼摆。将其简化处理时，可以把多而曲折的牡丹花瓣概括成若干个，繁多的菊花花瓣拼摆成若干瓣。如描绘松树，一簇簇的针叶呈一个个半圆形、扇形，正面又呈圆形，苍老的树干似长着一身鱼鳞，抓住这些特征，便可删繁就简地进行松树构图造型。为了避免单调和千篇一律，在不影响基本形状的原则下应使其多样化。将圆形的松针拼摆成椭圆形或扇形，使圆形套接作同心圆处理，让松针分出层次。在冷菜工艺造型时再依靠刀工和拼摆技术的处理，便使松针有疏密、粗细、长短等变化。

孔雀尾屏部长羽采用了简化手法，删繁就简，对孔雀尾屏羽毛进行概括和提炼，使其简化成几根有代表性的羽翎，从而使形象更典型集中，简洁明了，主题突出。

竹叶简化成"个"或"介"字形排列，茂密的松叶简化成只有几片蓑衣片的排列；密密的向日葵花蕊简化成菱形网格；禽鸟多毛的胸腹简化成数片形的排叠。如此简化，不仅无损形象的完整，而且使形象更精美柔和。

（3）添加。添加，不是抽象的结合，也不是对自然物象特征的歪曲，而是把不同情况下的形象及各形象具有代表性的特征结合在一起，以丰富形象、增添新意，加强艺术想象和艺术效果。

添加手法是将简化、夸张的形象，根据构图设计的要求，使之更丰富的一种表现手法。它是一种"先减后加"的手法，并不是回到原先的形态，而是对原先的物象进行加工、提炼，使之更美、更有变化。如传统纹样中的花中套花、花中套叶、叶中套花等，就是采用了这种表现手法。

有些物象已经具备了很好的装饰因素，如老虎、长颈鹿、梅花鹿等身上的斑点，有的成点状，有的成条纹；梅花鹿身上的斑点，远看像散花朵朵；蝴蝶的翅膀，上面的花纹很有韵律。其他如鱼的鳞片、叶的茎脉等，都可视为各自的装饰因素。

但是也有一些物象，在它们的身上找不出这样的装饰因素，或装饰因素不够明显。为了避免物象的单调，可在不影响突出主体特征的前提下，在物象的轮廓之内适当添加一些纹饰。添加的纹饰可以是自然界的具体物象，也可以是几何形的花纹，但对前者要注意附加物与主体物在内容上的呼应，不能随意套用。也有在动物身上添加花草，或在其身上添加其他动物的。如在肥胖滚圆的猪身上添加花卉、在猫身上添加蝴蝶、在奖杯上缀花、在扇面里套梅花、在牛身上挂牧笛等。

值得注意的是，在冷盘造型艺术中要因材取胜，不能生硬拼摆或画蛇添足。除了多个形象的相互添加结合，冷盘造型还常常把一个简单造型通过增加结构层次的方法，使其变得丰富多彩。如"蘑菇"造型，外形简单，色彩单一，但是如果用多种色彩原料塑其形，就会变得更加丰满精神，以繁胜简，使形象更富有趣味感，产生一种美的意境。

（4）理想。理想是一种大胆巧妙的构思，在冷盘造型时，可以使物象更活泼生动，更富有联想。在冷盘造型工艺中，应充分利用原料本身的自然美（色泽美、质地美和形状美），加上精巧的刀工技术和巧妙的拼摆手法，融于造型艺术的构思中，用于对某事物的赞颂与祝愿。如在祝寿宴席中常用这种手法，用万年青、松、鹤及寿、福等汉字加以组合，以增添宴席的气氛。

在某些场合下，我们还可把不同时间或不同空间的事物组合在一起，成为一个完整的理想造型。例如把水上的荷叶、荷花、莲蓬和水下的藕同时组合在一个造型上；把春、夏、秋、冬四季的花卉同时表现出来，突破时间和空间的局限，这种表现手法能给人们以完整和美满的感受。

"翠鸟赏花"是一个典型的理想造型。鲜花、小鸟、树枝和花苞的相互组合，自然而贴切，呈"S"形的小鸟与"S"形的树枝的巧妙组合及色彩的合理搭配，使造型达到了更加和谐、完美的境界。

4.2.3　冷盘造型美的形式法则

一切美的内容都必须以一种美的形式表现出来，冷盘造型艺术也不例外。冷盘的美应该是美的形式和美的内容的结合体。美的形式为表现美的内容服务，美的内容必须通过美的形式表现出来。冷盘造型美离不开形式美。所以，冷盘造型美的研究不仅重视具体的冷盘造型的外在形式，而且特别重视冷盘造型外在形式的某些共同特征，以及它们所具有的相对独立的审美价值。冷盘造型的形式美是指构成冷盘造型的一切形式因素（如色彩、形状、质地、结构、体积、空间等）按一定规律组合后所呈现出来的审美特性。形式美主要是表现某种概括性的审美情调、审美趣味、审美理想。因此，研究并掌握冷盘造型各种形式因素的组合规律即形式美法则，对于指导冷盘造型美的创造具有重要的实践意义。

1）单纯一致

单纯一致又称整齐一律，这是最简单的形式法则。在单纯一致中见不到明显的差异和对立的因素，这种在单拼冷盘造型中最常见。如单纯的色彩构成、碧绿的拌药芹、褐色的卤香菇、油黄色的白斩鸡、酱红色的卤牛肉、乳白色的枪鱼片等，单纯使人产生明净纯洁的感受。一致是一种整齐的美，"一般是外表的一致性，说得更明确一点，是同一形状的一致的重复，这种重复对于对象的形式就成为起赋予定性作用的统一"[1]。如长短一致、乌光闪亮的鳝鱼肉构成的炝虎尾；大小相似、红润如钩的湖虾围叠而成的盐水虾；厚薄一致、形如网状的藕片做成的酸辣荷藕，给人整齐划一、简朴自然的美感。所以，即便是再简单的冷盘造型，只要它符合单纯一致的形式法则，就能成为纯朴简洁、平和淡雅的愉悦之情的经常来源。

2）对称与均衡

对称与均衡是形式美的又一基本法则，也是冷盘造型求得重心稳定的两种基本结构形式。

对称，是以一假想中心为基准，构成各对应部分的均等关系。对称是一种特殊的均衡形式。对称分为两种，即轴对称和中心对称。

轴对称的假想中心为一根轴线，物象在轴线两侧的大小数量相同，作对应状分布，各个对称部分与中央间隔距离相等。轴对称有左右对称、上下对称两种形式。

对称是生物体自身结构的一种符合规律的存在形式。早在狩猎和农耕时代，古人就发现了动物体、植物叶脉的对称规律。人体的外部结构就是以鼻中心线为轴左右对称的；物体在水中的倒影则是上下对称的。在长期的生活实践中，人们认识到对称对于人的生存、发展的重要意义，并将对称规律应用到物质生产、艺术创造、环境布置等许多方面。在冷盘造型实践中，为了顺应人们观察事物的习惯即视觉的舒适、省力的需要，对称造型多采用天平式左右对称，创造出如花篮灯、宫灯、双喜盈门、迎宾花篮、金城白塔、万年长青等优美的冷盘造型。

中心对称的假想中心为一点，经过中心点将圆划分出多个对称面。如三面对称之三拼，五面对称之五星彩拼，六面对称之扇面六拼，八面对称之排拼，十面对称之什锦拼盘等。由多面对称冷盘造型形式中可表现某种指向性，故又有放射对称、向心对称、旋转对称等。在严格的多面对称形式中，各对应面应该是同形同色同量的。

除上述绝对对称之外，冷盘造型还经常使用相对对称的构图。所谓相对对称，就是对应物象粗看相同细看有别，如中国成对的石狮，公母成对，均取坐势，而公狮足踏绣球，母狮足抚幼狮。冷盘造型中也不乏这类例子，如蝴蝶拼盘，以蝶身为中线的左右两侧的大小蝶翅、蝶尾、蝶须，即可作形、色、大小的微调，以显灵动；相向而置的鸳鸯造型，雌雄成双，但在头、背及色彩处理上却有不同；花篮口内盛放的花的造型，左右并不完全一致，以增加丰富多样之感；数目为偶数的多面对称冷盘，各对应部分同形同量但不完全同色，而奇数的扇面五拼，则是五种不同色彩构成的组合，观之则多了些律动感。

关于对称的美，美学家乔治·桑塔耶纳的描述甚为精确。他认为，对称往往是一切使人愉快的持久力量，它形成一种美满的效果，这种效果使人心旷神怡，这种宁静美的真谛和实质来自构成它的那种快感的固有属性。它不是偶然发现的魅力，你的眼睛在陆续浏览这些对象之时总是发现一样的感应，一样的合适；对象之适合于领悟，使得你就在知觉的

[1]黑格尔：《美学》第1卷，第173页。

过程中也眉飞色舞。欣赏对称形式的冷盘造型，会给人以宁静、端庄、整齐、平稳、规则及装饰性的美，但当它被滥用或用之不当时，也会给人以呆板、单调、消极、贫乏、浅薄的印象。因此，能见到有差异、有变化的非对称形式的均衡，会令人耳目一新。

均衡，又称平衡，是指左右（上下）相应的物象的一方，以若干物象换置，使各个物象的量和力臂之积，左右相等。均衡有两种，一种是重力均衡，一种是运动均衡。

重力均衡原理类似于力学中的力矩平衡。在力矩平衡中，如果一方重力增加一倍，该方力臂缩短一倍或他方力臂延伸一倍，便能取得平衡，即重力与力臂成反比。重力均衡反映在冷盘造型中，盘中的物象是在有限空间里寻求平衡，构图时也没有力臂，无非是指物象与盘子中心的距离，使整个盘面形成平衡的空间关系。

用力矩平衡解说重力均衡仅是一种比喻。对于冷盘造型来说，这种均衡是通过盘中物象的色彩和形状的变化分布（如上下、左右、对角的不等量分布与色彩的浓淡变化），根据一定的心理经验获得的感受上的均衡与审美的合理性。如梅竹报春冷盘，一枝梅、一截竹、几簇花朵与"L"形的坡地，从物理意义上看，无论如何是不均衡的，因为前者加起来的分量比后者轻得多，但前者诸物象与人的关系密切程度远高于后者，所以感觉上是均衡的。这是理解冷盘造型均衡形式的关键所在。

运动平衡，是指形成平衡关系的两极有规律地交替出现，使平衡被不断打破又不断重新形成。在冷盘造型中，表现运动着的物象，如飞翔、啄食、嬉闹的禽鸟；纵情飞驰的奔马；翩翩起舞的蝴蝶；欢跃出水的鲤鱼；逐波戏水的金鱼等。一般总是选择其最有表现力的顷刻的那种似不平衡状态来达到平衡效果，以凝固最富有暗示性的瞬间表现运动物象的优美形象，给人最广阔的想象余地。

运动是有方向的，人们观察运动着的物体，视点往往追随着物体的运动方向略为超前，因而在造型时往往在运动前方留有余地，使视觉畅达。另外，一个冷盘造型中的各个物象是构成这一整体不可或缺的组成部分，它们之间是相互联系、彼此呼应的。冷盘"飞燕迎春"，左下侧是一只正在向上振翅高飞的燕子，右侧为其留下了大片的运动空间，又因为飞燕形象地发出了对春天的呼唤，所以在右侧空间随风拂来两枝绽着新绿的柳枝，巧妙地做出了回应。审视此造型，倍觉其清新秀丽，天动飞扬，生机勃发，浑然天成，堪称运动平衡的范例。

均衡的两种形式，强调的是在不对称的变化组合中求均衡。在冷盘造型实践中，凡是均衡的造型都显得生动活泼，富有生命力，让人振奋，但若是处理失当，又容易杂乱，显得没有章法。因此，只有准确把握各种形式因素在造型中的相互依存关系，契合人们的心理经验，就能获得理想的均衡美效果。

3）调和与对比

调和与对比，反映了矛盾的两种状态，指的是对立统一的关系。处理好调和与对比的关系，才有优美动人的冷盘造型形象。

调和是把两个或两个以上相近的东西相并列，换言之，是在差异中趋向一致，意在求"同"。例如，色彩中的红与橙、橙与黄、深绿与浅绿等，恰似杜甫《江畔独步寻花》诗中云："桃花一簇开无主，可爱深红爱浅红。"任人赏玩的桃花，千枝万朵，深红浅红并置，融和协调，无不令人喜爱。冷盘造型中不乏此类调和形式的例子，以烤鸭作面料，利用其在烤制过程中形成的皮面颜色的深浅变化，切割拼摆而成，观之虽有枣红、金红、金黄等色彩差异，却是浑然一体。如果从抽象的形的意义分析，圆盘中的花色围拼造型，是由圆盘中央几个同心圆和外围相隔排列的若干近似圆构成，相互间有较多的共同点和较少的差异处，因而给人一种协调、和谐的美感。

对比是把两种或两种以上极不相同的东西并列在一起，也就是说，是在差异中倾向于对立。强调立"异"。在冷盘造型中，对比是调动多种形式因素来表现的。例如，形态的动与静、肥与瘦、方与圆、大与小、高与低、宽与窄的对比；结构的疏与密、张与弛、开与合、聚与散的对比；分量多与少、轻与重的对比；位置的远与近、上与下、左与右、向与背对比；质感的软与硬、光滑与粗糙的对比；色彩的浓与淡、明与暗、冷与暖、黑与白、黄与紫的对比。对比的结果彼此之间互为反衬，使各自的特性得到加强，变得更加明显，给人的印象也更加深刻。宋代诗人杨万里"接天莲叶无穷碧，映日荷花别样红"的名句，刻画的正是这种映象。

冷盘造型中利用对比形式的例子很多，如雄鹰展翅的造型，其中山的静止、低矮、紧凑、小面积空间，都是为衬托雄鹰凌空展翅飞翔时快疾、高远、舒展的恢宏气势和苍劲勇猛的性格。又如蝶恋花的造型，一反常情，是以花之小衬蝴蝶之大，以花之单纯衬蝴蝶之美艳的。再如红与绿的色彩对比，莫过于采用"万绿丛中一点红"方法塑造的红嘴绿鹦鹉的形象，"一点"红嘴红得那么娇艳，"万绿"鹦鹉身绿得那么碧翠，给人以鲜明、强烈的震撼感。

调和与对比，各有特点，在冷盘造型中皆可各自为用。调和以柔美含蓄、协调统一见长，但处理失当，反有死板、了无生机之累；对比有对照鲜明、跌宕起伏、多姿多彩之美，但正因其如此，易因对比强烈，刺激太胜，使人产生烦躁不安之恶。所以，从冷盘造型实际需要出发多表现亲和性而不表现对抗性内容，从有助于加强食用效果和艺术感染力出发，调和与对比同存共处，更为妥帖。处理的方法不是双方平起平坐，各占一半，而是根据需要以一方占主要地位，另一方处反衬地位，即所谓大调和小对比，或是大对比小调和。例如，以静止为主衬之小动，以聚集为主添之小散，以暖色为主辅之冷色；或者，形态对比强烈以色彩来调和，结构对比强烈以分量来均衡，这样在一个冷盘造型中既容纳了调和与对比，又兼得了两者之美。

4）尺度比例

尺度比例是形式美的又一个基本法则。尺度是一种标准，是指事物整体及其各构成部分应有的度量数值。形象地说则是"增之二分则太长，减之一分则太短"。比例是某种数理关系，是指事物整体与部分以及部分与部分之间的数量关系。古希腊毕达哥拉斯学派从数学原则出发，最早提出1∶1.618的"黄金律"，认为是形成美的最佳比例关系。

冷盘造型都是适合体造型，即都是在特定形状和大小的盘子里构造形象，因此尤为重视尺度比例形式法则的应用。

尺度比例是否合适，首先要看造型是否符合事物固有的尺度和比例关系。比如，物象哪一部分该长、该大、该粗、该高，哪一部分该短、该小、该细、该低，要准确地在造型中反映出来，而且必须和人们所熟悉的客观事物的尺度比例大体相吻合，不能凭臆想胡乱拼凑。否则，刻鹄不成尚类鹜，画虎不成反类犬，连起码的形似都丧失了，还有什么真实感和美感可言呢？所以，讲究尺度比例，冷盘造型才会有真切、准确、规范、鲜明的形象，也才会吸引人、打动人。

另一方面，冷盘造型中的尺度比例不像数学中的尺度比例那样准确和机械，也不完全等同并照搬客观事物的尺度比例，它必须是有助于造型需要的艺术化的表现形式。况且客观事物的尺度比例也不是绝对不变的，具体事物的尺度比例也有区别。因此，在冷盘造型实践及其审美欣赏活动中，尺度比例实质上是指对象形式与人有关的心理经验形成的一定对应关系。当一种造型形式因内部的某种数理关系，与人在长期实践中接触这些数理关系而形成的快适心理经验相契合时，这种形式就可被称为符合尺度比例的艺术化的形式。换句话说，这种形式是合规律性与合目的性相统一的尺度比例形式。

上文所谈的尺度比例，主要是从"似"的角度，强调造型形象模拟客观事物的艺术真实性，但是这不是唯一的表达形式。为了更有力地表现造型形象，有时需要刻意地破坏事物固有的比例关系，追求"不似似之"的艺术效果。可以比较得出，左侧的鲤鱼是写实的，合乎比例尺度，看起来与真的一样；右侧的鲤鱼是经过夸张变形后的形象，嘴变小变圆了，须变粗变长了，灰变圆背变厚了，背向前移位了……细究起来这一切都不符合真实及其尺度比例，但更加突出地表现了鲤鱼的主要特征，虽不像却又相似，整个造型灵动可爱，神采飞扬，生机勃勃，活泼有趣，更加传神。

5）节奏韵律

节奏，是一种合乎规律的周期性变化的运动形式。节奏是事物正常发展规律的体现，也是符合人类生活需要的。昼夜交替、四时代序、人体的呼吸、脉搏的跳动、走路时两手的摆动，都是节奏的反映。韵律则是把更多的变化因素有规律地组合起来加以反复形成的复杂而有韵味的节奏。例如音乐的节奏，是由音响的轻重缓急、节拍的强弱或长短在运动中合乎一定规律的交替出现而形成的，它是比简单反复的节奏更为丰富多彩的节奏。冷盘造型运用重复与渐次的方法来表现节奏韵律的形式美。

重复即反复，是一个基本单位有序的连续再现。将一个基本纹样作左右或上下的连续重复，以及向四周的连续重复排列的构成形式，是冷盘造型借用的一种简洁鲜明的节奏形式。四色拼盘的造型，每一层次都是由同一形状的原料按照一定的方式有规律地重复排列而成，4个层次4种不同的色彩，观之有整齐明快的节奏美。又比如太极冷盘，主体正八边形的中心是黑白分明的圆形太极图，在主体外层又围了相间排列的八个小圆形太极，这个造型的节奏美是由中间8个等量同形的梯形转座连续及其每一面的色彩迁变，与内外同构的太极图形的重复再现和呼应而带来的。由此可见，重复表现节奏对冷盘造型具有重要的实践意义。

渐次是逐渐变化的意思，就是将一种或多种相同或相似的基本要素按照逐渐变化的原则有序地组织起来。例如，用蓑衣扬花萝卜（或蓑衣蘑菇）、盐水虾、紫菜蛋卷、红肠、芝麻鸭卷等原料，按照渐次原理组构的同心圆式的馒形造型，虽然很常见算不上复杂，但具有旋转向上、渐次变化的律动感。渐变的形式很多，如形体的由小到大、由短到长、由细到粗、由低到高的有序排列；空间的由近及远的顺序排列，色彩的由明及暗、由淡及深、由暖及冷、由红及绿的顺序排列等。既可以用单一形式表现渐变，又可以用多种形式共同来表现渐变。一般来说，渐变中包含的变化因素越多，效果越好，堪称是这种渐次变化的造型范例。它具有变化无穷、绵延不绝、回味悠长的特点。

有人说："建筑是凝固的音乐。"此话用在以古建筑为题材的冷盘造型中也十分贴切。模拟扬州名胜古迹文昌阁而创制的建筑景观造型冷盘，直观形象地再现了文昌阁古朴端庄、轻灵秀丽的美。此造型为对称构图，阁底座外层为双层扇面围拼，层层相叠，环环相扣，回转起伏，宛如曼妙轻盈的圆舞曲；阁底座三色同心圆缓缓隆起，拥阁身于正中，并与外层形成间隔，仿佛是两支乐曲转换之间的自然停顿；阁身、阁堂自下而上每层皆由大及小，由低及高，由粗及细，色彩由深而淡，渐次变化，阁尖顶指天而立，宛如又奏响了一曲激越昂扬的主旋律，袅袅余音飘向无际的天穹。可以毫不夸张地利用重复渐次的手法，淋漓尽致地表现了节奏韵律撼人心魄的美。

6）多样统一

多样统一，又称和谐，是形式美法则的高级形式，是对单纯一致、对称均衡、调和对比等其他法则的集中概括。早在公元前7世纪至前6世纪，我国的老子就说过："道生一，一生二，二生三，三生万物。万物负阴而抱阳，冲气以为和。"表达了万物统一于一及对立统一等朴素的辩证思想。公元前6世纪，古希腊毕达哥拉斯学派最早发现了多样统一法则，认为美在数的比例和谐，和谐是对立因素的统一。直到黑格尔才明确提出了和谐概念中的对立统一规律，把和谐解释为物质的矛盾中的统一。

所谓"多样"，是整体中包含的各个部分在形式上的区别与差异性；所谓"统一"，则是指各个部分在形式上的某些共同特征以及它们相互之间的联系。换言之，多样统一就是寓多于一，多统于一，在丰富多彩的表现中保持着某种一致性。

多样统一应该是冷盘造型具有的特性，并应该在冷盘造型中得到具体表现。表现多样的有形的大小、方圆、高低、长短、曲直、正斜等；势的动静、疾徐、聚散、升降、进退、正反、向背、伸屈、抑扬等；质的刚柔、粗细、强弱、润燥、轻重等；色的红、黄、绿、紫等。这些对立因素统一在具体冷盘造型中，既合规律性又合目的性，造成了高度的形式美，形成了和谐美。

为了达到多样统一，德国美学家立普斯提出了两条形式原理，这对冷盘造型来说很实用。一是同相分化的原理。就是每一部分都有共同的东西，是从一个共同的东西，也就是所谓同相分化出来的，这样就统一起来了。例如孔雀开屏，分几层有很多花纹，但每一层的每一片翎毛都有共同的或者说相似的东西——弧形面。每个相同弧形面相连接构成每层相同起伏的波状线，但每层之间的波状线的起伏是不相同的；每层的每个弧形面纹样相互间是相同的，但每层之间的每个弧形面纹样又是不相同的。由此可知，一个造型的各部分从一个共同的东西分化出来，分化出来的每一部分有共同的东西，但又有变化，它们构成一个整体，这就是通相分化。

再就是"君主制从属"的原理，即中国传统美学思想中所说的主从原则。这条形式原理要求在设计里各部分之间的关系不能是等同的，要有主要部分和次要部分。主要部分具有一种内在的统领性，其他部分要以它为中心，从属于它，就像臣子从属于君主一样，并从多方面展开主体部分的本质内容，使设计富于变化和丰富多样。次要部分具有一种内在的趋向性，这种趋向性又使作品显出一种内在的聚集力，使主体在多样丰富的形式中得到淋漓尽致的表现。次要部分往往在其相对独立的表现中起着突出烘托主体的作用。因此，主与次相比较而存在，相协调而变化；有主才有次，有次才能表主，它们相互依存、矛盾统一。这种类型的冷盘造型很多。例如，金鱼戏莲、蝶恋花、金鸡报春、丹凤朝阳、寿带赏梅等。在这些造型中，主次分明而又协调。

多样统一是在变化中求统一，统一中求变化。没有多样性，见不到丰富的变化，显得呆滞单调，缺少"参差不伦""和而不同"、意态万千的美；没有统一性，看不出合规律性和目的性，显得纷繁杂乱，缺少"违而不犯""乱中见整""不齐之齐"的美。所以，只有把多样与统一结合在一个冷盘造型中，才能达到完美和谐的境界。

4.2.4　冷盘造型的分类

分类是科学地认识对象体系的一种手段。

冷盘造型的分类，因所依据的分类标准不同，分成的类别和种别也不同，大致有如下几种分类法。

1）以组成冷盘造型的原料品种数目作为分类标准划分

冷盘造型有单拼、双拼、三拼、四拼、什锦全拼等类别。单拼是盘中只有一种冷菜原料，故又称单盘、独碟。单拼是应用最普遍的一类冷盘造型，任何一种冷菜原料都可以用于制作单拼。至于双拼、三拼或六拼、八拼，构成盘中造型的原料数目则相应地为2种、3种或6种、8种，而什锦全拼所用原料达10种或10种以上。由单拼到什锦全拼，每类又可以拼摆出若干样式。

2）以冷盘造型形象的艺术特征作为分类标准划分

冷盘造型又可分为图案造型和绘画造型两类。图案造型是以理想化、程式化的方式塑造的具有装饰效果的造型；绘画造型是以写意传神的方式创造的具有深邃意境的造型。

3）以冷盘造型形象的空间构成作为分类标准划分

冷盘造型有平面造型与立体造型两类。平面造型是像浮雕式的造型，是在盘子的平面上拼摆有凹凸起伏不大的造型形象，适合于从特定的角度进行审美欣赏，像"金鸡报春""雄鸡唱晓""丹凤朝阳"等许多冷盘造型即属于此类。立体造型是类似圆雕式的造型，是在盘子的平面上塑造的三度空间的形象，可以从任何一面进行审美欣赏，如"虹桥修楔""文昌古阁"等。在冷盘造型中，采用平面造型形式的冷盘，远比采用立体造型形式的冷盘要普遍得多，也要实用得多。

4）以冷盘造型工艺的难易繁简程度作为分类标准划分

冷盘造型又有简单造型和复杂造型两类。简单造型又称为一般冷盘，这类冷盘操作工序少，简便实用，符合形式美要求，如随意式乱刀盘、整齐式刀面盘等。复杂造型又称花式冷盘，其操作工序多，形式考究，拼摆难度大，有一定的艺术意趣或意境美，如各种各样的仿生象形冷盘。

从以上几种冷盘造型分类可以看出，它们都是根据一定的分类标准，从一个方面确定各种冷盘造型的特点和异同的。然而，实际的冷盘造型现象是复杂的，各种冷盘的特点和异同关系是多方面的，如果只是从表面现象上作粗略或肤浅的划分，不仅难以自圆其说，更难以适应科学地认识冷盘造型体系的需要。因此，应该寻找一个更全面而又合理的新的分类法置换这些明显不足的旧的分类法。这个新的分类法就是"多层次分类法"。

所谓"多层次分类法"，就是以造型形象为核心，沿着"展示形象的形式→表现形象的方式→形象依据的题材"的路线，由表及里，层层递进，条分缕析冷盘造型体系的内在结构及其相互间的异同和关系。根据这一分类法，冷盘造型可作如下划分：

第一层次以冷盘造型形象的展示形式作为分类标准，将冷盘造型分为单碟造型与多碟组合造型。单碟造型是以一个盘子里的形象的完整性表示自身存在的独立性；多碟组合造型则是以若干个盘子里的形象及其相互联系表示一个整体存在的完整性。正是冷盘造型形象存在方式的不同决定了其展示形式的不同，例如，"鹏程万里"只需要一个盘子盛载"雄鹰"的形象，分餐式冷碟也是将形象塑造在一个盘子中供客人赏食，而"百鸟朝凤"之"凤"是中心形象，"百鸟"是配角形象，双方互为依存，不可或缺，所以由一盘"凤"形象的主拼，加上多盘"鸟"形象的围衬，才是意义完整的"百鸟朝凤"造型。

多层次分类法的第二层次是以造型形象的表现方式作为划分标准，将单碟造型与多碟组合造型划分为抽象造型、具象造型和混合造型三个类别。抽象造型表现纯粹的形式美，如单碟造型的扇形拼、四色排拼、什锦拼盘，多碟组合造型的菱形组拼、桥形组拼、馒形组拼等。具象造型表现象形及其象形以外的美，如"蝴蝶冷盘""梅竹报春""金杯冷盘"等单碟具象冷盘造型，"桃李天下""群鹤献寿""百花闹春"等多碟组合具象冷盘造型，既有形象美，又有形象带来的意趣意境的美。混合造型兼有抽象造型和具象造型的美，如单碟造型的古塔排盘、多碟组合造型的蝶扇组拼（1个蝴蝶主拼加6个扇形围碟组成），即属于此类。

多层次分类法的第三个层次是以造型形象所依据的题材作为划分标准。不同类的题材是不同类造型形象的源头。这样，单碟抽象造型有基本几何形造型与几何图案造型两类。单碟基本几何形造型有半球体、正方体、长方体、菱形体、扇形体、椭圆体等造型；单碟几何图案造型有由一种基本几何形重复组构的图案造型、几种基本几何组构的图案造型和基本几何形加点缀装饰的图案造型等。

单碟具象造型有动物类造型、植物类造型、器物类造型、景观类造型和其他造型五类。

动物类造型可分：

①禽鸟类造型。如凤凰、孔雀、鸳鸯、锦鸡、寿带、雄鹰、丹顶鹤、雄鸡、翠鸟、喜鹊、燕子等。益鸟飞禽历来备受人们喜爱，也是冷盘造型选择较多的理想题材，并借以传达多种美好意愿。

②畜兽类造型。多选与人类亲和的、有吉祥意义的物象入冷盘造型，如牛、马、兔、鹿、大象、松鼠、熊猫、龙、麒麟等。

③鱼类造型。选用较多的是金鱼、鲤鱼、神仙鱼、蝴蝶鱼等，而虾、蟹、海星等水产类虽然也作为造型题材，但因鲜见故以鱼类为代表。

④蝴蝶造型。蝴蝶造型是昆虫类中最适合作冷盘造型的题材。其形象多样，美丽动人。

在器物类造型中，一些具有馈赠价值和审美价值的礼器、常用器物是绝好的表现题材，故分为花篮类造型、花瓶类造型、奖杯类造型、宫灯类造型、扇子类造型、船类造型和其他造型七类。

在景观类造型里，有自然景观造型（如南海风光、锦绣山河等）、人文景观造型（如文昌古阁、天坛、虹桥修楔等）和综合类景观造型（如金山全拼、西湖十景等）。

在第三层次中，为简洁明了起见，抽象组合造型、具象组合造型和混合式组合造型，皆分为对应的有主拼式组合造型与无主拼式组合造型两种类型，每种类型中皆可依题材细分若干种。

4.2.5　冷盘造型实例介绍

在冷盘的制作过程中，我们首先要根据冷盘的题材和构图形式选择适当的原料，并利用原料的性质特征和自然形状，将原料修成所需要的形状，然后经过刀工处理，通过合理而又巧妙的拼摆方法，完成冷盘的拼摆制作，从而达到预期的目的和效果。显而易见，在冷盘的制作过程中，对原料的选择和整形既是拼摆的基础，也是关键，在冷盘制作中显得非常重要。

我们在对原料进行选择和整形时，需要把握的最重要的原则，是最大限度地利用原料的原有形态，并使原料的修整形状（局部）与冷盘题材的形状（整体）相协调。在实际工作中有些初学者甚至工作经验非常丰富的烹饪工作者也都忽视了这一原则。于是，虽然在进行冷盘造型制作时，其构图形式、色彩搭配和拼摆方法都很合理，但冷盘的整体效果总不能令人满意，无法达到较为完美的效果，有些甚至不伦不类。究其原因，就是原料的修整形状与冷盘题材的形状互不协调、不一致，破坏了整体效果。

我国的冷盘，尤其是我们平常所说的"花式拼盘"或"艺术冷盘"，其变化之大、品种之多，难以数计。但从众多的冷盘中不难发现，它们往往是一些适合于制作冷盘的常用题材的相互组合。正如"山湖映月""华山日出""锦绣山河""龙门山色""青山水秀""雀谷鹤鸣""曲径通幽"等等，它们共同的主要题材都是山，如"百花齐放""百花争艳""春艳""江南春色""春""秋菊""牵花冷蝶""塞外情"等，它们共同的主要题材都是"花"，如是例子，这里不一一列举。为了讲清楚原料的选择、整形与拼摆的基本要求和规律，我们不妨列举一些冷盘制作的常用题材，并将原料的选择、形状的整理与这些常用题材之间的协调关系分别加以一定的叙述，使读者能从中掌握一定的规律，并能准确而又灵活地加以运用。

1）花卉类

这里的花卉是指在冷盘制作中起组合作用的小型花卉，这些小型花卉的单个拼摆方法也经常用于围碟中。由于花卉的品种繁多，这里将在冷盘的制作中对常用的花卉作些介绍，以便大家能从中掌握一定的规律，受到一定的启发。

（1）牡丹花

牡丹花

牡丹花的花瓣呈近圆形，并且其花瓣的边缘呈锯齿状。因此，在制作牡丹花时要表现出它的自然形态，在对原料进行选择或形状修整时，必然选择或将原料整修成圆形、半圆形或椭圆形，并且其边缘呈凹凸不平的锯齿状。要达到这一目的，可采取两种方法：一是选择符合以上两个条件的自然原料，如海蜇头、龙眼、银耳等；二是利用呈圆形、半圆形或椭圆形的原料，如鸡脯肉、鸭脯肉等，通过一定的刀工处理（批薄片或批片后用刀压）使其边缘呈锯齿状，然后再将片形原料一片一片地圈叠成牡丹花。

牡丹花的拼摆方法有两种：一种是先用一片原料卷成花心，左手捏住花心，右手将片由小到大一片一片地圈叠而成，放在所需要的位置上；另一种是直接在需要的位置上，将片形原料（先大后小）由外向内层圈叠而成，当然，也可以按此法将片形原料在案板上拼摆成形后，用刀铲至盘中所需要的位置。第一种方法适用于可塑性较强、油性较大的软性原料，如鸡脯肉、鸭脯肉等；第二种方法适用性较广，适用于油性少、可塑性较差的原料，如海蜇头、龙眼、红毛丹、银耳等。可塑性较强、油性较大的软性原料均可用第二种方法进行制作。

这些原料的色彩随品种不同而变化，丰富多彩，如海蜇头有棕红色和白色之分，鸡脯肉有酱红色的酱鸡肉，有白色的醉鸡肉、糟鸡肉和白嫩油鸡肉等，也有枣红色的烤鸡肉、烧鸡肉等；鸭脯肉有鲜红色的红曲卤鸭肉，有浅黄色的盐水鸭肉，也有橘黄色的橘汁鸭肉等。所以，利用这些原料制作的牡丹花，其色泽也是变化多样，我们可以根据具体需要选择适当的原料制作所需要的牡丹花。

牡丹花，花朵硕大，色彩鲜艳，富丽堂皇，变化多样，品种繁杂，被誉为花卉之冠。在需要表现雍容富贵的意境时，常用牡丹花来表现。因此，在冷盘造型中，牡丹花常与孔雀、凤凰、寿带等物象相组合。

（2）月季花

月季花

月季花的花形与花瓣与牡丹花极为相似，不同的是，月季花其花瓣的外沿呈圆弧形，无锯齿状。因此，在选择原料或对原料进行整修时，要保证方形原料的外沿呈圆弧形。要做到这一点，同样可以采取两种措施。一是选择表面呈自然圆弧形的原料，如鱼肉（黑鱼肉最佳）、鸭胗（或鸡胗、鹅胗）、鲍鱼、海螺肉、猪心、鸡腿、鸡脯肉（或鸭脯肉）等；二是在批片时比牡丹花的花瓣要略厚，禽类原料最好带皮，以确保片形原料的外沿呈圆弧形，另外，由于皮面的色泽与肉色有一定的色差，带皮的原料拼摆出的月季花更有层次感。这里需要说明的是，质地较硬的原料，如牛肉、叉烧肉、口条、笋等，不宜用来做月季花。

月季花的拼摆方法与牡丹花相同。

月季花的花冠大，花瓣重叠生长，层次丰富，以含苞待放的姿态最美。因而，我们在拼摆月季花时，要注意把握其形态，尽量使片形原料的外沿呈内卷，使其呈现出最美的含苞待放的姿态。月季花有红、橙、黄、白、紫、蓝、浅绿等颜色，是人们喜爱的花卉，是"幸福、爱情"的象征。

自然界的月季花较大，我们在拼摆时要注意其在冷盘造型中与其他物象的比例关系和人们的审美效果，切忌将花形拼摆过大而显得笨拙，失去花卉的玲珑之气。

（3）大丽花

大丽花

大丽花五彩缤纷、绚丽多彩，其花形呈球状，因此，通常以半球体来表现大丽花的花形。

在制作大丽花时，多选用色彩较为艳丽的卷类原料，如珊瑚雪卷、火腿包菜卷、金瓜萝卜卷、三丝黄瓜卷、五彩笋卷、白玉翡翠卷等，拼摆时将其切成菱形厚片圈摆而成。

大丽花既可以单拼的形式（更多的是用于围碟中），也可以多碟组合的形式，如"百花争艳""蝶恋花""繁花似锦"；还可与其他题材共同组合成以自然景观为题材的景观造型拼盘，如"春艳""江南春色""锦绣河山"等。

其名虽为大丽花，但在拼摆时不宜过大，否则会失去花卉的玲珑之气。因此，我们在制作用于此花的卷类时，不宜过粗，否则拼摆出来的大丽花会显得笨拙。

（4）菊花

菊花

菊花，色鲜而艳丽，花稀茎疏以傲霜寒，素尊攒翠而种晚节，故在百花中永享逸品之雅誉。菊花的种类非常繁多，品种不同，其花瓣的形状也不一样，其颜色也丰富多彩，有白色的、黄色的、红色的、茶色的、绿色的，还有紫色的，而且花形也是多种多样的。

在冷盘的制作中，菊花的拼摆形式一般有3种。一种是将原料切成菱形厚片或小块，由下往上交错圈摆3～4层而成。这种方法宜用于较大的平板形原料，如鸡脯、鸭脯、水晶肴蹄、叉烧肉、黄瓜、菱白、西式火腿等；另一种方法是将原料切成细丝堆摆而成，这种方法多用于形较小的碎形原料，如菊花拼摆鸡丝、鸭丝、罗皮丝（或佛手罗皮）、银菜、火腿丝、里脊丝等。

由于第一种方法是采用块形或厚片形拼摆而成的，其形较为整齐，因此这种菊花既可用于围碟、多碟组合盘，也可用于大型的冷盘造型，作为整个构图的一部分；第二种是采用丝状堆摆而成，其形较为随意，但这种菊花更逼真，常用于多碟组合盘或围碟中；第三种是用盐水虾、盐味凤尾虾或油爆虾等整虾类冷盘材料，利用熟虾自然的弧曲状，镶嵌平排围叠3～4层而成。在拼摆时，盐水虾等带壳的冷盘材料将虾尾朝外；盐味凤尾虾或盐水对虾仁等去壳的虾类冷盘材料，尾部朝里。这种菊花多用于单碟或多碟组合造型中。

另外，在冷盘的制作过程中还经常采用鸡心形模具将片形原料（如黄蛋糕、白蛋糕、山楂糕、红胡萝卜、火腿、鱼胶等）刻切成近月牙形片圈摆而成菊花。这种菊花用料较少，形体较为单薄。因此，多用这种菊花起点缀作用，如"菊蟹排拼"等。

菊花根据自然开花期先后迟早的差异，虽有夏菊、秋菊及寒菊之别，但以秋菊为正宗。因而，长期以来在人们的心目中已形成了固定概念，即菊花是秋季的象征，要选择与之相协调的题材进行组合，并与主题吻合一致，切忌在主题与秋季相悖的冷盘中拼摆菊花，如"春""江南春色"等。

（5）喇叭花

喇叭花

喇叭花因形似喇叭而得名，在冷盘造型中是用片形原料卷叠而成的。因此，制作喇叭花多选择油性较足的软性原料，如鸡脯、鸭脯、火腿等，或脆性原料的薄片，如黄瓜片、紫萝卜片等。对原料进行整形时，要将原料修成长三角形或长梯形。

为了使喇叭花更加自然逼真，在选择原料并对其进行整形时，尽量能使三角形的长边（或梯形的长底片）与其他部分有一定的色相差，如火腿略留肥膘，或选用的卤鸭脯、烧鸡脯带有皮，这样制作的喇叭花花色更美，形更佳，效果更好。

喇叭花在冷盘的制作中，一般不以单形式出现，我们往往将若干朵层层圈摆组合成一朵大花，这种形式的喇叭花形态饱满、大方。

这里值得一提的是，我们在对火腿进行初加工时，要以火腿刚熟为宜。如果蒸制（或煮制）时间过长，火腿则会失去油性，肉质发硬，色泽变暗，卷制时较为困难。或卷制的喇叭花形不整，色不艳，很不服帖，难以达到预期效果。

当然，花卉在冷盘造型中的应用相当广泛，其种类也相当繁多，这里所列举的绝非是花卉的全部，仅是指这些花卉在冷盘造型中使用的概率较高，出现的机会较多，也较为实用，并且，它们都可以相对以较大的个体独立造型。而那些相对形体较小的花卉，如色似玉、香似兰的玉兰花，清高素雅、花香扑鼻的水仙花，还有人们熟悉和喜爱的山茶花、迎春花、丁香花等，以及那些无名的花草，我们当然不可忽视，但在冷盘造型中往往是起点缀作用，这里就不一一细说了。

2）禽鸟类

以鸟为题材，在冷盘制作中也广泛使用，大到孔雀、凤凰，小到燕子、鸳鸯等。在众多的鸟类中，无论是体大或形小者，不管其羽毛的色彩是否鲜艳，它们的羽毛都有一个共同的特点，即尾部、翅膀的羽毛较大，并且较长而尖，而腹部、背部的羽毛较小，且短而秃。因此，在制作以鸟类为题材的冷盘时，用于尾部和翅膀的原料，在整修其形状时应修成长柳叶形、长月牙形或长三角形；用禽腹部、背部的原料，其形状要修成短柳叶形、鸡心形或椭圆形。

当然，这也不是一概而论，将原料整修的形状和大小应根据其具体情况而定，要灵活变化。有些凶猛的鸟类，如雄鹰等，其身部的羽毛可采用三角形或菱形片层层排叠而成，这样更显其凶猛、刚劲而有力的个性；有些性格较为温和的鸟类，如和平鸽、鸳鸯等，则要采用圆弧形片，如椭圆形、鸡心形等，这样显得更为得体、和谐。当然，在对原料进行修整形状时，还要根据具体冷盘的构图造型和使用餐具的大小，确定原料形状的大小，以免相互脱节。

另外，所有的鸟类（包括禽类），它们在构图造型上都有一个共同规律，即它们的头部和身体都呈椭圆形，不管它们的姿态如何，或站、或蹲、或飞，其轮廓均是由两个椭圆形构成的。

由于鸟的种类很多，形态千变万化，并且，每一类鸟的特点、性格和生活习性也不相同，即每一类鸟都有与其他鸟类不同的个性。在冷盘造型中，除要把握鸟类的共性外，还要把握每一类鸟的个性，这样才能把所要拼摆的鸟的造型巧妙而准确地表现出来，否则就会感到别扭、不舒服。为此，下面将冷盘造型中常用的鸟进行分别讲述，以便更好地掌握其中的规律。

（1）孔雀

孔雀

孔雀乃"百鸟之君"，也是富丽堂皇、明亮祥瑞的象征，其羽毛的色彩并不丰富，却十分华丽。孔雀与其他鸟类相比的独特个性主要在于它的尾部，因而，在冷盘造型中要着重表现其尾部，甚至可以说，以孔雀为题材的冷盘造型是否成功，一半因素在于孔雀的尾部。

在冷盘造型中，我们往往以绿色为主色调。所以，在拼摆孔雀的尾部时，可选用绿色的冷盘材料，如黄瓜、青椒、苦瓜等，并刻切成鸡心形厚片或小块，再打上蓑衣刀纹，由后向前交错排叠呈扇形或鸡心形作尾部；用黄色或白色鸡心形片（黄蛋糕、黄色鱼糕或白蛋糕、三鲜虾糕、卤鸽蛋等）上覆红色鸡心形片（如红樱桃、山楂糕、红胡萝卜等）作尾部羽毛。

孔雀的性格较为温顺，在拼摆其身部羽毛时，一般不宜用三角形、菱形或窄柳叶形。因此，用于拼摆孔雀身部羽毛的冷盘材料要整修成鸡心形、椭圆形或宽柳叶形。

孔雀的冠羽也有其独特性，在冷盘造型中可用两种形式表现：一种是用片形原料拼接而成，这种方法多用于平面造型中；另一种是用原料雕刻而成或质地较硬的原料与其他相组装而成（如粉丝顶端装红樱桃粒）。这种方法多用于立体造型之中。

以孔雀为题材的冷盘造型，可以与其他题材相结合，以单碟造型的构图形式出现，也可以将孔雀的尾部分割成若干份，分装于鸡心形的小碟中，再与孔雀的头部和身部以组合造型的构图形式出现。

（2）凤凰

凤凰

虽然在现实生活中没有凤凰，但多少年来，由于我国传统文化的积淀，凤凰在人们的心目中已是吉祥如意的象征，也已形成了它固定的结构形态特征。因此，我们在拼摆以凤凰为题材的冷盘造型时，要把握好其结构特征，不可随意变动。

　　凤凰与其他鸟类相比，最有独特的个性，最具表现力的是它那飘拂流畅的三根彩尾了（造型需要时也可用两根彩尾）。因此，我们在拼摆凤凰的彩尾时，一般要选用色彩较艳的冷盘材料，如黄蛋糕、火腿、红肠、红胡萝卜、叉烧肉、肴肉等。凤凰彩尾的拼摆形式很多，最常见的有3种形式：第一种即是将原料整修成羽翅形，再切成片后，从后往前排叠而成；第二种是将一种原料切羽翅片从后往前排成彩尾的底部，上层用另一种原料切椭圆形片（或鸡心形）由后向前排叠而成；第三种是选用色彩较艳的冷盘材料（多用蔬菜，或黄瓜、胡萝卜、紫萝卜、苦瓜等）从两侧同向打上衣刀纹排成彩尾的底层，上层用另一种原料切椭圆形片或鸡心形片排叠而成。

　　在我国有"金凤凰"之说，因此，我们拼摆凤凰的身部、翅部和头颈部的羽毛时，要适当地多选用黄色原料，如黄胡萝卜、黄蛋糕、橙黄色鱼糕等，以便体现出凤凰"金色"的特点，也更符合人们的审美心理。

　　凤凰的冠羽一般选用鲜红色的冷盘材料刻切而成，如红椒、红胡萝卜、红肠、火腿等，其形状往往用两种形式来表现。

　　冷盘造型中，凤凰的形态一般以动态为多，即呈飞翔姿态，且常与花卉中的牡丹花相组合。当然，也有以静态出现的，如"丹凤朝阳"即是凤凰立于山顶，但呈静态时，凤凰一般不与树枝或树干相结合，即没有凤凰立于树枝或树干之上的，否则，会让人感到别扭，极不协调。

　　（3）仙鹤

仙鹤

　　仙鹤在我国历来是用以比喻人之长寿，因此，仙鹤也是冷盘造型中常用的题材之一，并且常与松树相组合，给人生命之树常青的心灵感受。

　　仙鹤与其他鸟类相比，其鲜明的个性在于其腿部和颈部较长，因而，不管仙鹤呈何种姿态，其颈和腿要有一定的长度，否则不像。虽说仙鹤是大型鸟类，但性格温和，我们在拼摆仙鹤时，除其尾部和翅尖部的羽毛选用深色冷盘材料，并整修成柳叶形或月牙形外，其他部位的羽毛一般多用浅色的冷盘材料（更多的选用白色原料，如卤鸡蛋、白蛋糕），并用圆弧形片，如椭圆形片、鸡心形片等排叠而成。

仙鹤头颈部的拼摆，除了用片形原料从后往前排叠而成，也可以用山药泥、土豆泥、色拉等冷盘材料直接堆码而成，另外，还可以用材料雕刻而成。在冷盘造型艺术中，前两种方法主要用于平面造型中，后一种方法主要用于立体造型中。

（4）雄鹰

雄鹰

雄鹰在现实生活中常被人们喻为"宏图大志""前程远大"或"前程似锦"等，因此，在冷盘造型中，雄鹰往往是以展翅的形式出现。

雄鹰在构图造型上较为明显的特征，即是大而有力的翅膀和表现出凶猛的嘴、爪。为了更好地显示出雄鹰凶猛的特性，在拼摆其翅部羽毛时，要选择色泽相对较深的冷盘材料，如酱牛肉、卤猪肝、卤口条等等，并整修成长三角形或柳叶形；拼摆身部羽毛时，应选择明暗度适中的冷盘材料，如烧鸡脯、烤鸭脯等，并整修成菱形或三角形。雄鹰的羽毛不管是哪个部位，色调较亮、色泽较浅的冷盘材料，如白蛋糕、黄蛋糕、三鲜虾糕等都不宜使用。

（5）鸳鸯

鸳鸯

鸳鸯性格较为温和，也是现实生活中夫妻相敬如宾、一往情深的形象写照，因此，在冷盘造型中，鸳鸯更多的是以成双成对的构图形式出现，并常与水、荷、柳等池塘中的物象相组合。

在拼摆鸳鸯的羽毛时，多选择色彩较为艳丽的冷盘材料，尤其是红色和黄色为多，如红色的火腿、红胡萝卜、红肠、红曲卤鸭脯、盐水虾、肴肉等；黄色蛋糕、糯黄鱼糕、紫菜蛋卷、黄胡萝卜等。拼接其尾部和翅部羽毛的冷盘材料多整修成长鸡心形；身部和颈部的冷盘材料多整修成短鸡心形或椭圆形；头部的冷盘材料多整修成宽柳叶形。

雄鸳鸯后背处上翘的一簇羽毛，我们往往采用两种方法拼摆而成：一种是黄色的冷盘材料切鸡心形厚片排叠成扇形；另一种可用黄色的冷盘材料刻切成扇形（上端呈波浪纹状）。

鸳鸯的嘴虽然与鸭嘴极为相似，但其头部和颈部与鸭子差异较大，鸳鸯的颈部很短，眼型近似丹凤眼。因此，在拼摆鸳鸯时要准确地把握这一点，如果把鸳鸯的颈部摆长了，则鸳鸯不像，鸭子不似。

3）畜兽类

兽类中的鹿、马、牛、狮等也是冷盘造型中常用的题材，它们在个性上虽然有明显的差异。但在拼摆过程中有一个共同之处，即宜选用色泽较深的动物性原料，如烧鸡、烤鸭、卤鸽、酱鸭等，并以块面的形式进行拼摆，而一般不宜用片形原料排叠成。尤其是它们的腿部，用块面的形式进行拼摆，与兽类的固有色、质较为相符，并且也符合兽类的肌肉解剖结构的铺排，尤为生动自然。当然，在造型上的需要，或为了富有变化，在其腹部和颈部的处理上，也可用片形原料排叠而成，在拼摆过程中要与其他部位相协调，切忌有脱节感（见动物造型中"雄狮""奔马图"等造型）。

4）山类（土坡、围堤）

山，也是制作冷盘时常用的题材，尤其是景观造型中多有山水。山在冷盘造型形式上有两种。一种是用方形的原料排叠而成的平面造型；另一种是用小型的脆硬性原料，如核桃仁、脆鳝等堆积而成的立体造型。由于第二种立体造型的山，与冷盘材料的整形关系不大，拼摆方法也较为单一，仅是堆积而已，这里不再赘述，仅介绍第一种。

山，大体可分为两种风格。一种是陡崖峭壁，山势险峻，气势磅礴，直冲云霄，这类山多以斧壁石构成。因此，以这类山为构图造型时，原料多修成长方形、长三角形或长梯形，并采用斜平行排叠的形式拼摆而成；另一种是山势绵延柔和、典雅秀丽，这类山多以太湖石组成，我们在拼摆这类山时常与水相结合，更显示其柔美秀丽。因此，我们在拼摆这类山为主要题材的冷盘时，多将原料整修成弧曲状，如椭圆形、鸡心形、圆形等，或者选用呈自然弧曲形的原料，如香肠、紫菜蛋卷等各种卷类冷盘材料及卤口条、盐水虾等，拼摆时往往采用弧形层层排叠而成。

另外，在冷盘的制作过程中，我们也时常涉及河堤、湖岸或小山坡，其风格与第二种山极为类似。所以，对原料的选择、整形和拼摆可按第二种拼摆山的方法。

5）蝴蝶及其他

蝴蝶

　　世界上蝴蝶的种类多达数千种，其斑斓的色彩、玲珑的体形和优美的舞姿，十分惹人喜爱，因此，蝴蝶是冷盘构图中常用的造型题材之一。到目前为止，以蝴蝶为题材的冷盘造型已达数十种，如"蝶恋花""群蝶闹春""花香蝶舞""彩蝶双飞""彩蝶迎春"等。即使是同样的菜名，选用不同的蝴蝶品种，其构图造型与色彩搭配也不尽相同。但所有的蝴蝶都有一个共同的特点，其色彩鲜艳，翅膀和身段都呈弧形（曲线形），如果把握了这一规律，制作以蝴蝶为题材的冷盘造型也就容易多了。

　　这样，我们也就非常清楚地知道，在制作以蝴蝶为主要题材的冷盘造型时，首先应选用色彩较为艳丽的原料，如火腿、黄蛋糕、紫菜蛋卷、红胡萝卜等；其次应将原料修整成鸡心形、椭圆形等，或选用自然呈弧曲状的原料，如盐水虾、紫菜蛋卷等各种卷类原料，蓑衣口蘑（或蓑衣黄瓜等），香肠（或火腿肠、素蟹肉等圆形加工食品）。这样，局部与整体之间就显得协调一致。切忌将原料修成方形、三角形或菱形，如果用棱角分明的原料拼摆蝴蝶的翅膀，则刚不成，柔也不是，不伦不类。

　　另外，在进行原料修整时，还应顾及原料的性质特征。一些纤维较粗的原料，如牛肉、笋等，要顺势将原料修整成所需要的形状，这样，"顶丝"切成的片形，是所需要的，也才符合原料加工的基本规律和要求。只有这样，两者才能完全吻合，否则就会顾此失彼。

 # 任务3　冷菜拼摆的基本法则

[学习目的]

通过本任务的学习，要求学生掌握冷菜拼摆的基本法则。

[教学方法]

讲授、情境教学、图片展示。

[任务驱动]

冷盘造型最终是通过拼摆装盘来实现的。学生要知道如何进行冷盘拼摆，冷盘拼摆有哪些注意点？基本法则是什么？

[课程思政拓展点]

服务意识

案例　餐饮店在保障菜品的质量完美呈现在顾客面前的情况下，如何让服务员与顾客的接触、服务的细节，体现无微不至和平等相处，试分析。

[知识链接]

冷菜造型基本是通过拼摆装盘实现的。拼摆时，各种冷盘材料经过一定的刀工处理，按照一定的次序、位置，在盘内拼摆成一定的形状，构成美的形式，使冷盘造型具有一定的节奏感、韵律感，以增加宴席的气氛。冷盘的构图设计即使再完美，如果拼摆时没有掌握正确的步骤或准确的拼摆方法，很难达到预期的目的和效果，或事倍功半。因此，掌握冷盘拼摆的基本原则和基本方法是非常重要的。

4.3.1　冷菜拼摆的基本法则

1）先主后次

在选用两种或两种以上题材为构图内容的冷盘造型中，往往以某种题材为主，而其他题材为辅。如"喜鹊登梅""飞燕迎春""长白仙菇"等冷盘造型中，以喜鹊、飞燕、仙菇为主，而梅花、嫩柳、山坡则为次。在这类冷盘的拼摆过程中，应首先考虑主要题材（或主体形象）的拼摆，即首先给主体形象定位、定样，然后再对次要题材（或辅助形象）进行拼摆，这样对全盘（整体）的控制就容易多了，正所谓解决了主要矛盾，次要矛盾也就迎刃而解了。相反，如果在冷盘的拼摆过程中，首先拼摆的是辅助物象，那么主体物象就很难定位、定样，或即使定了，整体效果不尽如人意。为了弥补这一不足，只能将盘中的辅助物象，或左右，或上下移动、调整，抑或增添，或删减，既浪费时间，又影响效果，犹如一团乱麻难以理出头绪。

2）先大后小

在冷盘造型中，两种或两种以上为构图内容的物象，在整体构图造型中都占有同样重要的地位，彼此不分主次。如"龙凤呈祥""鹤鹿同春""岁寒三友"等，其中的龙与凤、鹤与鹿，梅、竹与松，它们在整个构图造型上很难分出主次，它们彼此只存在着造型上大与小的区别；在以某一种题材为主要构图内容的冷盘造型中，这一物象经常以两种或两种以上姿态形式出现，如"双凤和鸣""双喜临门""双鱼戏波""比翼双飞""鸳鸯戏水""争雄""群蝶闹春"等等，其中的双凤，一对喜鹊，两尾金鱼，两只飞燕，一对鸳鸯，两只斗鸡，数只蝴蝶。它们彼此之间在整个构图造型中，同样不分主次，它们仅有姿态、色彩、拼摆方法以及大小上的差异。在这种情况下，我们拼摆这两类冷盘时，则要遵循"先大后小"的基本原则。

这两类冷盘造型，根据美学的基本原理在构图时，多个物象在盘中的位置和大小比例不可能完全相同，往往是或上或下，或左或右，或大或小。在拼摆过程中，应先将相对较大的物象定位、定形，正所谓"大局已定"，再拼摆相对较小的物象就得心应手了，不至于"左右为难"。

3）先下后上

冷盘，不管是何种造型形式，即使是平面造型，冷盘材料在盘子中都有一定的高度，即三维视觉效果。在盘子底层的冷盘材料离盘面的距离较小，称其为"下"；在盘子上层的冷盘材料，离盘面的距离相对较大，称其为"上"。"先下后上"的拼摆原则，也就是人们平常所说的先垫底后铺面（盖面）的意思。

冷盘的拼摆过程中，往往都需要垫底这一程序，其主要目的是使造型更加饱满、美观（造型角度而言）。为了便于造型，所选用的垫底的冷盘材料，一般以小型的为主，如丝、米、粒、蓉、泥、片等。因此，为了使材料能物尽其用，可以将冷盘材料修整下来的

边角碎料，充当垫底材料。

垫底，在冷盘的拼摆过程中往往是最初程序，也是基础，因而非常重要。如果垫底不平整、不服帖，或物象的基本轮廓形状不准确，想要使整个冷盘造型整齐美观，是绝不可能的，正如万丈高楼平地起，靠的是坚硬而扎实的基础。因此，"先下后上"是我们在冷盘拼摆中应遵循的又一基本原则。

4）先远后近

在以物象的侧面形为构图形式的冷盘造型中，往往存在着远近（或正）问题，而这远近（或正背）感在冷盘造型中，主要是通过冷盘材料先后拼摆层次结构来体现的。以侧身凌空飞翔的雄鹰形象为例，从视觉效果而言，外侧翅膀要近些，里侧翅膀要远些。因而，在拼摆雄鹰双翅时，外侧翅膀一般表现出它的全部，里侧翅膀（尤其是翅根部分）由于不同程度地被身体和外侧翅膀所挡，往往只需要表现出它的一部分。因此，在拼摆两侧翅膀时，要先拼摆里侧翅膀，后拼摆外侧翅膀。这样拼摆出的雄鹰双翅的形态自然逼真，符合人们的视觉习惯。如果两翅没有按以上先后顺序拼摆，它们也就没有上下层次变化，当然也就不存在远近距离感。这样，翅膀与身体在视觉上就有脱节感，看上去非常别扭，极不自然。

当然，在冷盘造型中，要表现同一物象不同部位的远近距离感时，在拼摆过程中，除要遵循"先远后近"的基本原则外，还要通过一定的高度差来表现。较远的部位要拼摆得稍低一点，近的部位要拼摆得稍高一些，这样，物象的形态就栩栩如生了。

在景观造型类冷盘中，也存在着远近距离问题，尤其是不同物象之间的距离上的远近关系。在拼摆时同样应遵循"先远后近"的基本原则。有时，为了使不同物象之间的远近距离感更加明显，如远处的塔、桥，或水中的鱼、水草、月亮等，往往还在远距离的物象上加一层透明或半透明的冷盘材料，如琼脂、鱼胶、皮冻等，即先将远处的物象拼摆成以后，在盘中浇一层琼脂、鱼胶或皮冻，待冷凝成冻后，在其上再拼摆近处的物象。如果是相同物象之间的远近关系，如山与山之间、树与树之间等，我们除可以用上面"隔层"的方法外，一般都用大小的形式表现它们的距离感，即把远处的山或树等拼摆得小一点，近处的山或树等拼摆得大一些，并且在构图造型上，远处的物象往往拼摆在盘子的左上方或右上方，近处的物象一般拼摆于盘子的右下方或左下方。这样，在构图造型上既符合美学造型艺术的基本原则，也能较理想地表现出物象之间的远近感。

5）先尾后身

正如前面所说，以鸟类为题材，在冷盘造型中非常广泛，大到孔雀、凤凰，小到鸳鸯、燕子，而"先尾后身"这一基本原则，就是针对鸟类题材的冷盘造型的拼摆制作而言的。

鸟类的羽毛，其生长都有一个共同规律，都是顺后而长。因此，在制作以鸟类为题材的冷盘造型时，应先拼摆其尾部的羽毛，再拼摆其身部的羽毛，最后拼摆其颈部和头部的羽毛，即按"先尾后身"的基本原则进行拼摆。这样拼摆出的羽毛，才符合鸟类羽毛的生长规律。

有些冷盘造型中，鸟的大腿部也是以羽毛的形式出现的。在这种情况下，当然应该先拼摆其大腿部的羽毛，然后再拼摆其身部的羽毛。总之，拼摆成的羽毛，要自然、符合鸟类羽毛的生长规律，在视觉效果上要感觉羽毛是长出来的，而不是装上去的。

值得一提的是，在冷盘制作过程中，有的物象所处的地位与以上所有的原则不可能同时完全吻合、相符，如"江南春色""华山日出"中的主山都是主要题材，处于主要地位，但它们却又都属于近处物象。在这种情况下，应从冷盘造型的整体布局来考虑，再确定先拼摆什么，后拼摆什么，而不应该死板地单独套用以上的每一个原则。如果将以上所有的原则割离开来，孤立对待，单独分别按以上原则进行拼摆，那么，冷盘制作就无法进行。总之，以上拼摆的基本原则要灵活掌握，切不可生搬硬套。

4.3.2 冷盘拼摆的基本方法

1）弧形拼摆法

弧形拼摆法是指将切成的片形材料，依相同的距离按一定的弧度，整齐地旋转排叠的一种拼摆方法。这种方法多用于一些几何造型（如单拼、双拼、什锦彩拼等），排拼（如菊蟹排拼、腾越排拼等）中弧形面（扇形面）的拼摆，也经常用于景观造型中河堤（或湖堤、海岸）、山坡、土丘等的拼摆方法在冷盘的拼摆过程中运用非常广泛。

在冷盘的拼摆过程中，根据材料旋转排叠的方向不同，弧形拼摆法又可分为右旋和左旋两种拼摆形式。在冷盘的拼摆制作过程中，用哪一种形式进行拼摆，要按冷盘造型的整体需要和个人习惯而定，不能一概而论。在冷盘造型中某个局部采用两层或两层以上弧形面拼摆时，要顾及整体的协调性，切不可在同一局部的数层之间，或若干类似局部共同组成的同一整体中，采用不同的形式进行拼摆，否则，就会因变化太大而显得凌乱、不一致、不协调，影响整体效果。

2）平行拼摆法

平行拼摆法是将切成的片形材料等距离地向一个方向排叠的一种拼摆方法。在冷盘造型中，根据材料拼摆的形式及成形效果，平行拼摆法又可分为直线平行拼摆法、斜线平行拼摆法、交叉平行拼摆法3种拼摆形式。

（1）直线平行拼摆法：片形材料按直线方向平行排叠的一种形式。这种形式多用于呈直线面的冷盘造型中，如"梅竹图"中的竹子、直线形花篮的篮口、"中华魂"中的华表、直线形的路面等，都是采用了这种形式拼摆而成的。

（2）斜线平行拼摆法：片形材料往左下或右下的方向等距离平行排叠的一种形式。景观造型中的"山"等多采用这种形式进行拼摆，用这种形式拼摆而成的山，更有立体感和层次感，也更加自然。

（3）交叉平行拼摆法：片形材料左右交叉平行）等距离）往后排叠的一种形式。这种方法多用于器物造型中的编织物品的拼摆，如花篮的篮身、鱼篓的篓体等。采用这种形式进行拼摆时，冷盘材料多整修成柳叶形、半圆形、椭圆形或月牙形等，拼摆时所交叉的层次视具体情况而定。

3）叶形拼摆法

叶形拼摆法是指将切成柳叶形片的冷盘材料拼摆成树叶的一种拼摆方法。这种方法主要用于树类的拼摆，有时以一叶或两叶的形式出现在冷盘造型中，如"欣欣向荣"中百花的两侧、"江南春色"中的花的左侧等。这类形式往往与各类话题相结合；有的冷盘造型中则以数瓣组成完整的一枚树叶形式出现，如"蝶恋花"中的多瓣树叶，"秋色""一叶情深""金秋盼奥运"等中的枫叶即是。由此看来，叶形拼摆法在冷盘的拼摆过程中运用也非常广泛。

4）翅形拼摆法

由于鸟的种类不同，其形状、性格和生活习性也不一样，但它们翅膀的形态、结构和生长规律是相同的。因此，在以鸟类为题材的冷盘造型中，拼摆鸟类翅膀的方法也是相近的。当然，鸟类在动态中的翅膀是千变万化的，但万变不离其宗，只要掌握了鸟类翅膀的基本形态、结构及拼摆方法，不管其处于什么状态，翅形的拼摆也就不成问题。

在翅膀的拼摆过程中，对冷盘材料的选择（色泽和品种）以及所拼摆的层数，要根据具体冷盘造型而定。有的鸟类的翅膀较宽，那么拼摆的层数就多一些，有的鸟类的翅膀较窄，那么拼摆的层数则少些，不能千篇一律。

4.3.3　雕刻在冷盘造型中的巧妙运用

雕刻，是用特殊的刀具直接塑造形象的操作方式；是冷盘造型的另一种重要手段。食品雕刻不但能以全雕的形式塑造形象，如"群鹤献寿""龙凤呈祥""瓜灯之韵"等；还可以与冷盘材料的拼摆相结合，共同塑造形象，完成一个完整的冷盘造型，如冷盘造型中的"孔雀争艳"；孔雀的头和胸采用了食品雕刻的手法；在羽毛、尾屏和双翅部位则采用了拼接手法，使孔雀形象栩栩如生。

用可食性原料雕刻的局部形象与冷盘材料拼接融合一体的造型，既能使宾客大饱眼福，又能使宾客一饱口福，是冷盘造型的一个重要组成部分。这里仅介绍这种相结合的形式。

在用雕刻的局部形象与冷盘材料拼摆融合一体的冷盘造型中，其主要食用部分在于冷盘材料，而雕刻往往起到烘托、点缀作用，同时，由于雕刻更多的是立体形象，因此又可弥补平面造型的不足，使造型更生动，更富有变化。

1）食品雕刻的常用原料

食品雕刻采用的原料极为广泛，可以因时因地制宜，各种瓜果、蔬菜动物性熟食品及蒸制的蛋糕、鱼糕、虾糕等，都是食品雕刻的上好原料。原料一般可分为动物性原料和植物性原料。

动物性原料：适用食品雕刻的动物性原料必须是熟食品，如白蛋糕、黄蛋糕、彩色蛋糕、鱼糕、虾糕、鱼胶、白素蛋、皮蛋、火腿肠、西式肠、午餐肉、红肠等质地细腻的原料。一般可以用这些原料雕刻各类鸟头和一些花卉（如孔雀头、凤凰头等；梅花、荷花、白兰花）等。

植物性原料：被用作雕刻的植物性原料最多，如西瓜、黄瓜、冬瓜、南瓜、苦瓜、苹果、菱白、梨、番茄、青萝卜、白萝卜、莴笋、心里美萝卜等，都可用不同方式雕刻出不同的艺术形象。在这些植物性原料中，以萝卜的艺术造型能力最强，其具有质地脆硬、水分充足、不易干枯变形、易于雕刻等特点。

2）食品雕刻的基本方法

食品雕刻主要是采用质地脆嫩的植物原料或质地坚韧的动物性原料。因此，要特别强调根据原料的质地、特性决定雕刻刀法的选用。如质地脆嫩的土豆、甘薯、南瓜等原料，操作时宜轻巧，落刀准，用力实而不浮，韧而不重；质地脆嫩、水分较重的萝卜、梨、马蹄等原料，要轻拿，少盘转，动作要稳健，轻巧利落，行刀有度。在掌握了操刀、运刀用力均衡的基础上，还要熟练地掌握雕刻的基本方法，雕刻主要有削、刻、挖、凿、镶等。

削：是食品雕刻中适用最广泛，也是最基本的方法。它既可单独完成某些雕刻项目，又可配合其他方法作精细的修饰。按其行刀的基本特点，削可分为顺削和叠削两种。顺削是顺势削出物象的基本形态，而没有其他的妨碍，如孔雀头、凤凰头、燕子头等，都是一气呵成顺削出来的；叠削较为复杂，如月季花、牡丹花等，是在修好的球形坯上削出最外层花瓣，再在内圈修出球形轮廓，削出第二层花瓣，位置与第一层花瓣交叉，这时刀尖极易损坏第一层花瓣，须留心谨慎，以此类推，使得外层大内层小，层次清晰，自然而又逼真的花朵展现出来。因此，叠削不但要细心，而且要操作有序。

刻：刻与削配合紧密，相互补充，也是雕刻的主要方法之一。削适用于线条较长面较大的物体形象；刻适用于线条较短面较小的物体形象，如"金色戏莲""鲤鱼跳龙门'和凤冠、眼睛、嘴、爪等。

挖：主要用于造型的内孔或凹陷部分的操作，如龙的眼窝、假山的山孔等都是用刀挖出来的。操作时落刀要稳，用刀要实，不可把造型需要的部位挖破。

凿：主要用于雕刻花卉、鸟羽之类。方法与叠削有相似之处，要根据所凿的菊花花瓣或鸟羽的大小选用不同的凿刀。如果刻较长的菊花花瓣时，落刀不要直翻到底，要轻轻地将刀柄抬起，使瓣尖薄、瓣根厚，最后往上一掀拔出，这样成形后浸入矾水中，花瓣会自动翘起，形态较为自然。

镶：有些物象的部位由于原料大小所限或配色需要，不能用一个整体雕成，达到预期效果，需要用另外的原料配合时，这就可以用镶嵌来完成。如凤冠、孔雀冠、仙鹤丹顶等，分别用红萝卜、红菜头、心里美萝卜等制作，然后镶嵌在青萝卜雕刻制作的头顶上，突出了造型的神韵，更丰富了造型的色彩，使雕刻的造型更楚楚动人。

总之，食品雕刻的艺术处理及制作近似于美术雕刻，在表现方法上同样存在着写实、变形、夸张、简化和添加等多种形式。在食品雕刻的造型中，要达到形外有意，意中见情，情中存味的效果，使雕刻的形象与菜肴、宴席融为一体。

[评价方法]

菜肴拼摆中色彩、造型及相关原则的理解把握，以实践操作为例评价拼摆菜肴相关要素的运用。

[评价内容]

对于冷菜拼摆过程中色彩、造型及基本法则的理解与运用，丰富冷菜菜品内涵。

[课后思考题]

1. 冷菜拼摆色彩搭配过程中，不同的颜色会赋予菜品特定的作用，试列举不同颜色对冷菜菜肴的影响及对应可用作特定色彩装饰的菜肴原料。

2. 冷盘造型的构图具有一定的形式与较强的韵律感，在造型过程中的注意事项有哪些?

3. 简述冷盘造型美的形式法则有哪些。

4. 冷菜拼摆的基本法则有哪些? 试列举。

5. 简述冷菜拼摆的基本方法及在菜肴中起到的作用。

模块5

冷菜拼摆实例

模块描述： 此模块为冷菜拼摆实例，将冷菜拼盘分为一般冷盘的拼摆、什锦冷盘的拼摆和花式冷盘的拼摆3部分一一列举，并将花式冷盘的拼摆从动物形、植物形、花形以及其他造型分4种类型介绍，极大地方便了教师的教学和学生的学习。

教学目标：

终极目标：掌握一些简单的冷菜拼摆实例，并对难度较大的冷菜拼摆有一定的了解和认识。

过程目标：学习一般冷菜的拼摆、什锦冷盘的拼摆和花式冷盘的拼摆实例，并学会一些简单的实例制作。

任务分解：

任务1　一般冷盘的拼摆

任务2　花式冷盘的拼摆

任务1　一般冷盘的拼摆

[学习目的]

通过本任务的学习，要求学生能够掌握一般冷盘的拼摆。

[教学方法]

示范、情境教学、图片展示、案例分析、理实一体。

[任务驱动]

作为冷菜拼摆的基础拼摆，首先要求学生学习一般冷盘的拼摆步骤、制作要点和成品风格。

[课程思政拓展点]

互助意识

案例　在餐饮店的后厨，每位厨师都有各自的任务分工，或轻或重，遇到紧急情况或人手不足时，应从管理层面支援，或从个人层面在力所能及的情况下分担任务，保证工作的顺利进行。

[知识链接]

单拼

【用料规格】肴肉、子姜等。

【工艺流程】修料→垫底→拼摆→整型。

【制作方法】

①肴肉切成长方形厚片，皮朝一个方向堆叠两到三层呈土坡状。

②子姜切细丝堆于土坡状顶端。

【制作要点】

①切肴肉时采用直刀法，厚薄均匀一致。

②肴肉拼摆时要求间距一致。

③子姜切得越细越好，漂水以去除辣味。

【成品特点】形象美观大方、质朴素雅、饱满轻灵。

双色拼摆

【用料规格】胡萝卜、黄瓜等。

【工艺流程】修料→垫底→拼摆→整形。

【制作方法】

①将胡萝卜、黄瓜修出刀面，剩余的用料切成薄片分别垫在盘子中央呈馒头状初坯。

②将胡萝卜、黄瓜切成薄片，分别围叠两层（各占一半）。

【制作要点】

①两种用料各占一半，大小均匀。

②选用的两种用料色彩差别要大，不可选用近色或同色的用料。

【成品特点】拼构简朴明快、形态饱满、旋转对称、色彩清晰，有一种敦厚、对称、平和的形式美感。

三色拼摆

【用料规格】黄瓜、胡萝卜、心里美萝卜等。

【工艺流程】修料→垫底→拼摆→整形→点缀。

【制作方法】

①将胡萝卜、黄瓜、心里美萝卜修出刀面，剩余的用料切成薄片分别垫在盘子中央呈馒头状初坯。

②将3种用料切成薄片，分别围叠两层（各占1/3）。

【制作要点】

①垫底饱满。

②选用的3种用料色彩差别要大，不可选用近色或同色的用料。

③三色拼摆选用圆盘或腰盘都可以，以腰盘更为适宜。如选用圆盘，垫底呈馒头形；

如选用腰盘，垫底时则呈橄榄形。

【成品特点】主体部分为渐次变化、趋向集中的构图设计，围边部分采用同向旋转构图，整体造型中的色彩对比协调，规则而不呆板。

桥式三拼

【用料规格】火腿肠、白萝卜、胡萝卜、黄瓜、盐水鸭脯等适量。

【工艺流程】修料→垫底→拼摆→整型→点缀。

【制作方法】

①白萝卜的拼摆：先将白萝卜切片，在椭圆形盘子的一端码成半馒头形作底坯。然后将白萝卜整齐排叠成大、小两个扇面形。将白萝卜分两层、由下而上排叠在盐水鹅脯的底坯上。

②火腿肠的拼摆：先将火腿肠切片，在椭圆形盘子中央码出拱形桥状作底坯，然后将火腿肠切成波浪片排成长方形覆盖在拱形桥状底坯上。

③胡萝卜的拼摆：先将胡萝卜切片，在椭圆形盘子的另一端码成半馒头形作底坯；然后将胡萝卜片整齐排成大、小两个扇面形，分两层、由下而上排叠在黄瓜的底坯上。

【制作要点】

①桥式三拼选用圆盘或腰盘都可以，比腰盘更为适宜。如选用圆盘，垫底时呈馒头形；选用腰盘时，垫底时则呈橄榄形。

②拼摆时，刀面要均匀美观。

【成品特点】似马鞍，整齐饱满。

四色方拼

【用料规格】火腿、白萝卜、黄瓜、胡萝卜等。

【工艺流程】修料→垫底→拼摆→整型→点缀。

【制作方法】

①将部分火腿、白萝卜、黄瓜、胡萝卜切成片状，分别堆成4个正方形初坯。

②将以上用料分别切成薄片，整齐排列成方形刀面，并分别移压在各自的正方形初坯用料之上。相邻用料刀面成直角排列。

【制作要点】

①垫底要饱满。

②选用的两种用料色彩差别要大，不可选用近色或同色的用料。

③修刀面时，4种用料的长短要一致，拼摆时间距要均匀。

【成品特点】方正、端庄，似一块方形大印放置于盘内。造型简洁，立体感较强。

六色彩拼

【用料规格】白萝卜、南瓜、莴苣、胡萝卜、黄瓜、心里美萝卜等。

【工艺流程】修料→垫底→拼摆→整型。

【制作方法】

①将南瓜、莴苣、胡萝卜、黄瓜、心里美萝卜堆码于盘子中央呈馒头形初坯。

②将原料切成长椭圆形片，按逆时针方向旋转，排叠成六色彩拼的第一层（最后一片插于第一片底部，使第一片略压最后一片）。

③将南瓜、莴苣、胡萝卜、黄瓜、心里美萝卜分别切成梯形片，按以上方法依次旋转，排叠成第二层。

④将白萝卜切成丝，泡入水中，后拧干水挤成球状堆放在盘子的正中间。

【制作要点】

①垫底要饱满。

②修料时注意大小一致。

③拼摆时，要保持间距均匀，按照顺时针或逆时针方向拼摆。

【成品特点】形态饱满，色彩清晰，立体感较强。

任务2　花式冷盘的拼摆

[学习目的]

通过本任务的学习，要求学生能够掌握几道简单的花式冷盘的拼摆。

[教学方法]

示范、情境教学、图片展示、案例分析、理实一体。

[任务驱动]

作为冷菜拼摆的最高部分，首先要求学生了解并学会花式冷盘拼摆的步骤、制作要点和成品风格，并学会几道花式冷盘的拼摆，为以后的主题冷盘拼摆打下基础。

[课程思政拓展点]

公平意识

案例　在菜肴制作过程中，菜肴分量要掌握得当，做到每份保持基本一致，让每位食客都感到公平。

[知识链接]

5.2.1　动物形花式冷盘的拼摆

长尾鸟

【用料规格】鸡丝、胡萝卜、黄瓜，白萝卜、红肠、盐水虾仁、胡萝卜、西蓝花、皮蛋、油焖春笋、蒜薹、花椒粒、方火腿、可食用红果冻球、心里美萝卜等。

【工艺流程】拼摆上鸟→拼摆下鸟→拼摆山坡和树枝→装饰点缀。

【制作方法】

①拼摆上鸟。用鸡丝在盘子左上端堆码成长尾鸟的初坯；将胡萝卜刻切成锯齿状边的长柳叶形片，上叠半圆形胡萝卜片和胡萝卜条作长尾鸟的两根长尾；心里美萝卜和黄瓜切成柳叶形片，白萝卜切成椭圆形片，依次排叠三层作长尾鸟的左右两翅；将白萝卜和黄瓜切成柳叶形片，依次排叠作为长尾鸟的身部羽毛；胡萝卜刻作长尾鸟的冠和嘴；花椒粒作长尾鸟的眼。心里美萝卜雕刻为长尾鸟的鸟爪。

②下鸟。下鸟的拼摆方法与上鸟相同。

③拼摆山坡和树枝。将红肠、胡萝卜、黄瓜、心里美萝卜切成长椭圆形片，盐水虾仁对半切开依次排叠作山坡；西蓝花、黄瓜皮饰作为小草；蒜薹雕刻为绿色树枝；皮蛋为黑色树枝；方火腿为红色树枝；油焖春笋雕刻成人参，大叶子用黄瓜切成柳叶片进行拼摆；最后将可食用红果冻球放在叶子中间。

【制作要点】

①拼摆两只长尾鸟时，要把握好形态。

②拼摆鸟身时采用从尾向头摆。

③假山拼摆时，要刀面整齐。

【成品特点】此造型采用均衡构图的方法，雕塑两只长尾鸟两头相对、注目含情相戏之状，似一对情意绵绵的恋人。其色彩艳丽和谐，姿态灵动。尤其是右下端的山坡和左上端随风摇动的树枝，遥相呼应，使画面更加真切、自然、完整。

斗鸡

【用料规格】茭白、南瓜、胡萝卜、糖醋红胡萝卜、白萝卜、火腿、盐水明虾、五香牛肉、西蓝花、花椒粒、青萝卜、白蛋糕、皮蛋、黄瓜等。

【工艺流程】垫底→斗鸡的拼摆→假山的拼摆→装饰点缀。

【制作方法】

①右斗鸡的拼摆。将火腿、胡萝卜、黄瓜、白萝卜、糖醋红胡萝卜分别从后向前排叠作为斗鸡尾部的五根长羽毛，茭白切片拼摆成斗鸡的腹部。将胡萝卜、南瓜、黄瓜切成柳叶形片，分别从上向下、由后往前排叠3层作为斗鸡的右翅羽毛；将蒜泥黄瓜、火腿接尾部长羽毛从上往下，由后往前排叠两层作为斗鸡尾部的短羽毛；将胡萝卜、南瓜、黄瓜切成柳叶形片，分别从上向下、由后往前排叠3层作为斗鸡的左翅羽毛；将白萝卜、皮蛋、胡萝卜、糖醋红胡萝卜切成柳叶形片，从右下往左下、由后向前分别排叠4层作为斗鸡的身部羽毛；将南瓜切成窄柳叶形片，从右向左排叠作为斗鸡的颈部羽毛；将胡萝卜切成柳叶形片，从右向左排叠作为斗鸡的头部羽毛；将胡萝卜雕刻为斗鸡的爪，糖醋红胡萝卜雕刻为斗鸡的冠和嘴，花椒粒作为斗鸡的眼睛。

②左斗鸡的拼摆。左斗鸡的尾部长羽毛拼摆方法与右斗鸡相同，鸡冠、嘴、眼及拼摆方法与右斗鸡相同。

③假山的拼摆。将黄瓜、五香牛肉切成半圆形片；盐水明虾依次排叠作为土坡；黄瓜切成细条；西蓝花摆在盘子下端作为小草；白萝卜片成薄片卷胡萝卜丝斜刀切成段放在假山最左边。

【制作要点】

①两只斗鸡已腾空而起，两翅要展开

②斗鸡的身部和颈部比"报晓鸡"要略长，并且羽毛拼摆时略有零乱，时有高翘，这样才能表现出斗鸡的"凶相"。

【成品特点】两只斗鸡腾空而起，造型逼真，惟妙惟肖。

鸳鸯嬉戏

【用料规格】土豆泥、南瓜皮、心里美萝卜、胡萝卜、白萝卜、青萝卜、茭白、花椒粒、黄瓜、鸡蛋干等。

【工艺流程】垫底→左边鸳鸯的拼摆→右边鸳鸯的拼摆→荷叶的拼摆→装饰点缀。

【制作方法】

①垫底。将土豆泥堆码成鸳鸯生坯。

②左边鸳鸯的拼摆。将黄瓜、白萝卜切成柳叶片，自上往下排叠成尾羽；将白萝卜切成柳叶形片，由尾部向前排叠至颈部作为雄鸳鸯的身部；将胡萝卜、白萝卜切成柳叶形片，依次由后向前至颈部排叠作为鸳鸯的背部羽毛；将胡萝卜雕刻成形作为鸳鸯的头和嘴；花椒粒作为鸳鸯的眼；将鸡蛋干、心里美萝卜修成扇形片状作为鸳鸯的翅膀，上部分分别嵌5个红南瓜皮圆形小片，错开摆在鸳鸯的背部上端作为尾部前上翘的一簇羽毛。

③右边鸳鸯的拼摆。与左边鸳鸯的拼摆方法相同。

④荷叶的拼摆。将黄瓜切成柳叶片排成椭圆形（在鸳鸯左上方）作荷叶；将茭白切成花瓣形堆叠作荷花；将胡萝卜切成细丝缀作水波纹。

⑤装饰点缀。青萝卜雕刻成小桥。

【制作要点】

①拼摆时从尾向头进行。

②刀面拼摆时，间距要均匀、美观。

【成品特点】鸳鸯形态逼真，四目相对，一往情深，画面和美优雅，无限情趣。

鸟语花香

【用料规格】鸡丝、盐味红胡萝卜、白萝卜、皮蛋、花椒粒、火腿、南瓜皮、红肠、蒜薹、西蓝花、盐水虾仁、绿豆蓉紫菜卷、珊瑚卷、可食用果冻粒、黄瓜等。

【工艺流程】垫底→燕子的拼摆→叶子的拼摆→假山的拼摆→装饰点缀。

【制作方法】

①将鸡丝堆码成2只燕子的初坯。

②将黄瓜刻切成长条形作为燕子的尾部长羽毛；将盐味红胡萝卜切成长柳叶形片，由上至下排叠作为飞燕的尾部羽毛。

③将白萝卜切成柳叶形片，交错排叠两层作为燕子的身左侧内部羽毛；将绿豆蓉紫菜卷切成椭圆形片，由后往前排叠至颈部作为飞燕的背部羽毛。

④将皮蛋切成月牙形片，由上往下排叠作为燕子的左翅羽毛；将南瓜皮切成柳叶形片，由上向下排叠作为燕子的右翅里层羽毛；将皮蛋切成月牙形片，由上向下排叠作为燕子的右翅外层羽毛（里层羽毛略露）。

⑤将盐味胡萝卜雕刻为燕子的头颈部和嘴；花椒粒作为燕子的眼睛。

⑥将黄瓜和南瓜皮切成柳叶形刀拼摆成叶子，叶子下面放置可食用果冻粒作为葡萄，蒜薹作为树枝。

⑦将珊瑚卷、火腿、红肠、绿豆蓉紫菜卷切成圆形刀面拼摆成假山，西蓝花、盐水虾仁作点缀。

【制作要点】

①整个构图应右边密、左边疏，这样才能让燕子有余地和空间。

②花卉拼摆时，错开相同的颜色。

【成品特点】色彩艳丽，造型逼真，简洁洗练，主题明了。

喜上梅梢

【用料规格】白萝卜、火腿、黄瓜、青萝卜、花椒粒、胡萝卜、鸡丝、心里美萝卜、皮蛋肠等。

【工艺流程】垫底→喜鹊的拼摆→花和假山的拼摆→装饰点缀。

【制作方法】

①将鸡丝码成喜鹊的初坯。

②将胡萝卜雕刻成两根长条作为喜鹊的尾部羽毛；将胡萝卜、皮蛋肠、白萝卜、火腿整个切片，从后往前层层交错作为喜鹊的背部和颈部羽毛；将胡萝卜和白萝卜切成柳叶形片摆作喜鹊的左右翅膀羽毛；将胡萝卜雕刻为喜鹊的爪和头部；用花椒粒作为喜鹊的眼睛；胡萝卜雕刻为喜鹊的嘴。

③将白萝卜切成雨滴状薄片依次叠放成花瓣摆出两朵花，雕刻成尾头。

④将青萝卜和胡萝卜切成圆片推开拼摆放置在盘子的左下方，再放置用鸡蛋干雕刻出的方块点缀。

【制作要点】

①垫底时，整体应饱满。

②拼摆时，应从尾向头进行。

③刀面拼摆时，间距要均匀美观，尾巴较长。

【成品特点】色彩热烈明快，可谓开门见山，突出喜字。喜鹊立于梅梢，喜鹊又是好运和福气的象征，使整个画面充满着喜气，洋溢着欢乐。

鸟鸣南山

【用料规格】黄瓜、南瓜皮、皮蛋肠、鸡蛋干、花椒粒、胡萝卜、白萝卜、鱼松、莴苣、蒜蓉肠等。

【工艺流程】鸟的垫底→山与花的拼摆→鸟的拼摆→装饰点缀。

【制作方法】

①鸟的垫底。用鱼松堆码成鸟的身形。

②山与花的拼摆。将蒜蓉肠、白萝卜切成长圆片，从上向下排叠成山，其中皮蛋肠雕刻成假山状放置于白萝卜上方，黄瓜雕刻作绿草；将鸡蛋干切成小块拉长放置于下方；将白萝卜切成花瓣状拼摆成花卉，叶子用黄瓜切成柳叶形片拼摆。

③鸟的拼摆。将胡萝卜雕刻成细条拼摆出鸟的尾羽；将青萝卜和白萝卜切成细柳叶形片拼摆成鸟的头和身部；将胡萝卜雕刻成鸟的嘴、冠和爪子；装上花椒粒制作成鸟的眼睛。

④装饰、点缀。将黄瓜雕刻成小草，鸡蛋干刻制成窗户。

【制作要点】

①垫底时，整体应饱满。

②拼摆时，从尾向头进行。

③刀面拼摆时，间距要均匀美观。

【成品特点】生动形象，色泽鲜艳，刀工精细，码叠合理。

葵花鹦鹉

【用料规格】拌墨鱼片、黄瓜、胡萝卜、红肠、卤海参、盐水虾仁、盐味西蓝花、花椒粒、火腿肠、熟土豆泥等。

【工艺流程】鹦鹉的垫底和身体的拼摆→蜡梅树的拼摆→假山的拼摆→装饰点缀。

【制作方法】

①鹦鹉的垫底和身体和拼摆。将熟土豆泥堆码成半立体鹦鹉形，拌墨鱼片按鹦鹉头、翅、身、尾的次序整齐排叠在土豆泥上制成鹦鹉状；将胡萝卜分别刻成鹦鹉的嘴和爪装配好，花椒粒作为鹦鹉的两只眼睛。

②蜡梅树的拼摆。将卤海参切成长条拼摆成蜡梅树。

③假山的拼摆。将胡萝卜、黄瓜、红肠、火腿肠、盐水虾仁切片，按不同色彩间隔排叠在蜡梅树根下。

④装饰点缀。将西蓝花点缀在盐水虾仁下方。

【制作要点】

①垫底时，整体应饱满。

②拼摆时，应从尾向头进行。

③刀面拼摆时，间距要均匀美观。

【成品特点】画面活泼生动，色彩鲜明。

荷风鹭影

【用料规格】白萝卜、胡萝卜、黄瓜、绿蛋糕（蛋清加绿菜汁蒸制而成）、红肠、皮蛋肠、胡萝卜、花椒粒、南瓜皮、心里美萝卜、盐水虾仁、蒜薹等。

【工艺流程】湖上飞鹭的制作→假山荷叶的拼摆→装饰点缀。

【制作方法】

①湖上飞鹭的制作。白萝卜切成小三角片在盘子上方排叠成两只飞鹭的身体和翅膀；两个白萝卜椭圆形块状作为两鹭的头部；将胡萝卜切成细短条拼成鹭嘴；将胡萝卜雕刻成鹭的两条腿装上，尾部用皮蛋肠切成柳叶片拼摆。

②假山荷叶的拼摆。将白萝卜、胡萝卜、黄瓜、南瓜皮、心里美萝卜、绿蛋糕、红肠切成长椭圆形片拼摆成假山，荷叶用白萝卜雕刻作坯子，盖上黄瓜刀面，荷叶根部用蒜薹。

③装饰点缀。黄瓜雕刻成小草。

【制作要点】

①垫底时整体应饱满。

②拼摆时，从尾向头进行，刀面拼摆间距要均匀美观。

③布局要合理。

【制作特点】刀工精细，构思巧妙，体现鹭的秀气，营造出美好意境。

飞鸽

【用料规格】葱烤鸡腿、红肠、黄瓜、茭白、花椒粒、胡萝卜、红肠、心里美萝卜、西蓝花、青萝卜皮、白萝卜等。

【工艺流程】初坯的制作→飞鸽翅部和身体的拼摆→假山的拼摆→花的拼摆→装饰点缀。

【制作方法】

①初坯的制作。葱烤鸡腿去骨，将肉撕成细丝堆码成鸽子的初坯。

②飞鸽翅部和身体的拼摆。将茭白切成细柳叶形片，从尾部往头部拼摆，另一只飞鸽的拼摆相同。将胡萝卜雕刻作鸽子的嘴和爪子，花椒粒作眼睛。

③假山的拼摆。将西蓝花、红肠切成圆片拼摆。花卉用白萝卜和心里美萝卜切成花瓣状拼摆。

④山用青萝卜雕刻而成。

⑤装饰点缀。配上青萝卜皮雕刻成的叶子和西蓝花点缀。

【制作要点】

①飞鸽拼摆时，翅膀要打开。

②拼摆时，应从尾向头进行。

③刀面拼摆时，间距要均匀美观。

【成品特点】鸽子两翅舒展，健壮有神，在空中自由飞翔。下方的鲜花衬托了开阔而宁静的气氛，更增添了和平、美好、光明的意境。

大鹏展翅

【用料规格】葱椒鸡丝、白萝卜、黄瓜、红肠、黄蛋糕、蒜蓉肠、胡萝卜、花椒粒、虾仁、紫薯、猴头菇等。

【工艺流程】垫底→尾巴的拼摆→左右翅的拼摆→鹰身的拼摆→假山的拼摆→装饰点缀。

【制作方法】

①垫底。用葱椒鸡丝堆码成雄鹰的身部及翅膀的初坯。

②尾巴的拼摆。将白萝卜切成细柳叶形片，从左往右排叠作为雄鹰尾部第一层长羽。将猴头菇切成柳叶形片，从左往右排叠作为雄鹰尾部第二层长羽。

③左右翅的拼摆。将胡萝卜切成长柳叶形片，从下往上排叠作为雄鹰翅尖长羽；将猴头菇切成柳叶形片，从右上往左下分别排叠作为雄鹰中部羽毛；将黄瓜切成柳叶形片作为雄鹰的羽毛。

④鹰身的拼摆。用白萝卜切成细柳叶形片拼摆全身，花椒粒拼摆作眼睛；胡萝卜雕刻为鹰嘴、鹰爪。

⑤假山的拼摆。将红肠、黄蛋糕、黄瓜、蒜蓉肠、虾仁、紫薯切成圆片作为假山。

⑥装饰点缀。黄瓜雕刻成小草点缀。

【制作要点】

①造型要自然。

②拼摆时，应从尾向头进行。

③刀面拼摆时，间距要均匀美观。

【成品特点】刚劲有力，用料广泛，色彩丰富而自然，寓意深远，体现了天高地阔、前程远大的意境。

庭院春晓

【用料规格】黄瓜、火腿、心里美萝卜、盐水虾仁、胡萝卜、红肠、南瓜皮、白萝卜、鸡蛋干、皮蛋肠、椒油肚丝、花椒粒、西蓝花等。

【工艺流程】垫底→鸟的拼摆→花与叶子的拼摆→假山的拼摆→装饰点缀。

【制作方法】

①用椒油肚丝堆码成鸟的初坯。

②将黄瓜切成柳叶形片（边沿修成锯齿状），排叠成鸟的两根大尾和两根长尾的末端。

③将心里美萝卜、白萝卜切成长柳叶形片，交错排叠作为鸟的尾部短羽毛；将心里美萝卜、南瓜皮、黄瓜切成柳叶形片，从下往上按序分别排叠3层作为鸟的左右翅膀；将心里美萝卜、白萝卜切成柳叶形片，从下向上分别排叠作为鸟的背部、颈部羽毛；用胡萝卜雕刻作鸟嘴、鸟爪和冠羽；花椒粒作眼睛。

④将白萝卜切成柳叶形片卷成喇叭花形状，叶子用黄瓜切成柳叶形片刀面贴在坯子上，中间放上雕刻成的心里美小球。

⑤将红肠、皮蛋肠、南瓜皮、火腿切成圆片拼摆在左下方，将盐水虾仁和鸡蛋干、西蓝花放在假山下面点缀。

【制作要点】

①绶带尾巴细长。

②尾部和身部结合紧密，过渡自然，整体合一。

【成品特点】平静而有韵味，鸟拥喇叭花而蹲，神态雅逸，构图极为巧妙。

凤戏牡丹

【用料规格】鸡腿、黄瓜、胡萝卜、心里美萝卜、红肠、白萝卜、青萝卜、鸡蛋干、蒜蓉肠、方火腿、花椒粒等。

【工艺流程】垫底→尾部的拼摆→身体的拼摆→假山、牡丹和琴的拼摆→装饰点缀。

【制作方法】

①将鸡腿肉切丝堆码成凤凰的初坯。

②将青萝卜切成短柳叶形片（有锯齿），分别从下往上排叠3根长度不同、弧形弯曲的凤尾初形。

③将心里美萝卜和白萝卜切成柳叶形片排叠成扇形，从后往前排叠两层作为凤凰的背部羽毛；用白萝卜、黄瓜、心里美萝卜切成柳叶形片拼摆为凤凰的翅膀。胡萝卜雕刻切成冠；花椒粒作眼睛；胡萝卜雕刻作爪。

④将白萝卜、心里美萝卜、红肠、黄瓜、方火腿、蒜蓉肠排叠作假山；将心里美萝卜拉切成花瓣形拼摆成牡丹花，叶子用黄瓜拼摆；将白萝卜雕刻成琴，胡萝卜切刀面盖在琴上，白萝卜切细条作琴弦。

⑤鸡蛋干作柱子放琴下面点缀。

【制作要点】

①凤凰有3条尾巴，拼摆时要有曲线且自然。

②尾巴和身体结合紧密，过渡自然。

③身体羽毛要同方向拼摆。

【成品特点】高傲美丽的凤凰颇有百鸟之王的气度，一朵洁白如玉的牡丹花，高雅而富丽，与凤凰相辉映，给人高雅富丽、吉祥如意之感。

孔雀东南飞

【用料规格】黄瓜、心里美萝卜、红肠、盐水虾仁、胡萝卜、白萝卜、茭白、南瓜皮、青萝卜皮、花椒粒、肉松、西蓝花等。

【工艺流程】垫底→孔雀尾巴的拼摆→身体的拼摆→假山的拼摆→花盆的拼摆→装饰点缀。

【制作方法】

①用肉松堆码成孔雀的初坯。

②将黄瓜切成蓑衣形，按顺时针方向捻开排叠成孔雀的后层长翎羽；将青萝卜皮切成有锯齿的细长条，排叠成孔雀的尾部长羽毛的第二层。

③将胡萝卜、白萝卜切成柳叶形片（柳叶形依次由花渐短，由大渐小），由后向前排叠4层作为孔雀的身部羽毛。

④将黄瓜和胡萝卜切成柳叶形片拼摆成翅膀。

⑤用花椒粒作孔雀的眼睛；胡萝卜雕刻作孔雀的爪和嘴；孔雀的胡萝卜丝作冠。

⑥将胡萝卜、心里美萝卜、黄瓜、红肠切成椭圆形片，排叠于盘子的底端作假山；将盐水虾仁和西蓝花放假山边点缀。将茭白切成花瓣形捻开分别围叠于山坡两侧作牡丹花；将白萝卜雕刻作花盆坯子，南瓜皮切成柳叶形片刀面贴在上面，边上用雕刻的青萝卜皮作花枝点缀。

【制作要点】

①孔雀尾巴的拼摆要散开。

②身体羽毛要同方向拼摆，羽毛间距均匀。

【成品特点】花中之王牡丹与百鸟之君孔雀相配，具有互为辉映、傲然俏丽、色彩绚丽、雍容华贵之美。

春意

【用料规格】绿豆蓉蛋卷、蚕豆蓉蛋卷、咖啡色鱼蓉蛋卷、心里美萝卜、胡萝卜、蒜蓉肠、红肠、黄瓜、火腿、卤牛肉、黄色鱼蓉紫菜卷、盐水虾仁、椒麻鸡丝、西蓝花等。

【工艺流程】垫底→蝴蝶的拼摆→假山的拼摆→装饰点缀。

【制作方法】

①垫底。用椒麻鸡丝堆码成两只蝴蝶的初坯（翅膀部分）。

②上碟的拼摆。用黄瓜作蝴蝶的中间翅，心里美萝卜作蝴蝶的里层翅，胡萝卜作蝴蝶的最外层翅，胡萝卜切成柳叶形片用刀面捻开贴在坯上作翅膀，黄瓜切丝（皮面朝上）作蝴蝶的须。

③下碟的拼摆。与上碟相同，黄瓜切丝（皮面朝上）拼摆作蝴蝶的须。

④假山的拼摆。将绿豆蓉蛋卷、红肠、火腿、黄色鱼蓉紫菜卷、蚕豆蓉蛋卷、咖啡色鱼蓉蛋卷、蒜蓉肠、卤牛肉切成圆片拼摆成假山形状，盐水虾仁放在假山下方。

⑤装饰点缀。黄瓜雕刻成小草，西蓝花作点缀。

【制作要点】

①两只蝴蝶互相呼应，意境十足。

②拼摆时，注意间距一致。

【成品特点】蝴蝶或正面形象，或侧面形象，从不同方向一齐飞向鲜花，春暖花开，群蝶飞舞之状跃然盘中，宛如一大群蝴蝶在大闹春天。此造型动静结合，极富生机。

奔马

【用料规格】椒油肚丝、烧鸭脯肉、火腿、盐水大虾、胡萝卜、烧鸭腿肉、茭白、花椒粒、白萝卜、炝西蓝花、黄瓜、红肠、绿豆蓉蛋卷、鸡蛋干、南瓜皮等。

【工艺流程】垫底→马的拼摆→山石的拼摆→装饰点缀。

【制作方法】

①用椒油肚丝堆码成马头、身、颈部的初坯。

②将茭白切成柳叶形片捻开拼摆在坯上为白马。

③将烧鸭脯肉斜切成厚片形，从上到下排叠成黑马。

④将烧鸭腿肉略加整理后斜切成条状，分别拼接于臀部作马的右后腿和颈身之间作马的左前腿（留一节烧鸭小腿作马的小腿）；其余两条马腿用烧鸭脯肉条块拼摆而成。

⑤用花椒粒作眼睛；烧鸭脯肉切丝作黑马鬃和马尾，茭白切丝作白马鬃和马尾。

⑥将白萝卜、红肠、胡萝卜、黄瓜、鸡蛋干、绿豆蓉蛋卷、南瓜皮切片排叠作山石；底部排堆炝西蓝花和盐水大虾点缀。

【制作要点】

①垫底时要饱满，略显有劲。

②按照马的肌肉构造拼摆。

【成品特点】马腾空而起，疾奔向前，给人以雄健、进取和一马当先的感觉。尤其是造型别出心裁地选用烧鸭，使形象色彩犹如马的固有之色、之质，块面大小、形状依马的肌肉解剖结构铺排，更显得生动自然，栩栩如生。

水韵江南

【用料规格】葱烤青鱼、黄瓜、蒜酱鲍丝、心里美萝卜、白萝卜、青萝卜、红肠、花椒粒、胡萝卜、蒜等。

【工艺流程】垫底→上鲤的拼摆→下鲤的拼摆→花卉和水草的拼摆→假山的拼摆。

【制作方法】

①垫底。将葱烤青鱼撕成细丝与蒜酱鲍丝分别码成上、下鲤鱼的头部和身部初坯。

②上鲤的拼摆。将白萝卜雕刻成4个鱼尾，分别排叠成尾部；将胡萝卜切成半圆形片（或近椭圆形片），从近尾处向上呈覆瓦状排叠鱼成身部鳞片；将青萝卜雕刻拼作头部和嘴部；将黄瓜切成柳叶形片排叠成胸鳍和腹鳍；花椒粒作眼睛。

③下鲤的拼摆。将胡萝卜雕刻成4个鱼尾分别排叠成尾部；将心里美萝卜切成半圆形片（或近椭圆形片），从近尾处向上呈覆瓦状排叠成身部鳞片；将胡萝卜雕刻拼作头部和嘴

部；将胡萝卜切成柳叶形片排叠成胸鳍和腹鳍；花椒粒作鲤鱼的眼睛。

④睡莲和水草的拼摆。将白萝卜雕刻成花瓣状拼摆成花卉；将青萝卜雕刻成花心；将黄瓜雕刻拼摆作水草。

⑤假山的拼摆。将胡萝卜、心里美萝卜、黄瓜、红肠切成圆形片拼摆。

【制作要点】

①以鲤鱼为主题的造型形式很多，视其组合形式而定。鲤鱼可与水波浪组合成"力争上游"，也可与龙门组合成"鲤鱼跳龙门"，还可与柳、荷叶等组合成"吉庆有余"等。

②鱼鳞宜用半圆形、椭圆形或鸡心形片状原料拼摆而成，而鳍宜用柳叶形片排叠。尤其是鱼尾，一般要用雕刻排叠而成。

【成品特点】自由自在，同向并肩而行。轻松、愉悦，尤其是精致小巧的睡莲和小草，映衬得鲤鱼更为可爱。

海底世界

【用料规格】黄瓜、白萝卜、心里美萝卜、胡萝卜、山楂糕、青萝卜、火腿、卤鸭脯、鸡蛋干、红肠、五香牛肉、南瓜皮、盐水虾仁、金针菇、西蓝花、皮蛋肠等。

【工艺流程】垫底→帆船的拼摆→椰子树的拼摆→假山、水草的拼摆→装饰点缀。

【制作方法】

①垫底。将山楂糕碾碎作帆船的初坯。

②帆船的拼摆。将鸡蛋干切成长片从左往右拼摆成船身，将黄瓜、白萝卜、南瓜皮切长片从上往下卷起来拼摆成船帆（中间高、两边低）。

椰子树的拼摆。将胡萝卜雕刻成椰子树的根部，（要有弧度），青萝卜雕刻椰子树的叶子，放在盘子的右下方。

③假山、水草的拼摆。皮蛋肠、红肠、心里美萝卜、五香牛肉、卤鸭脯、黄瓜切成圆形拼摆成假山；黄瓜斜刀切摆长放假山最下方；盐水虾仁放在假山左侧。

④装饰点缀。用西蓝花、小草点缀。

【制作要点】

①垫底时要饱满。

②拼摆刀工精细。

【制作特点】造型生动，广阔深邃，千姿百态。

5.2.2　植物形花式冷盘的拼摆

院墙蕉香

【用料规格】鸡丝、黄瓜、红肠、蒜蓉肠、胡萝卜、盐水虾仁、白萝卜、西蓝花、心里美萝卜、花椒粒等。

【工艺流程】垫底→芭蕉叶的拼摆→鸟的拼摆→假山的拼摆→装饰点缀。

【制作方法】

①垫底。用鸡丝在盘中堆码成两片芭蕉叶和鸟的初坯。

②芭蕉叶的拼摆。将黄瓜切成长柳叶形片，自下往上排叠成小芭蕉叶的左半片，再用黄瓜切成长柳叶形片，自下而上排叠成小芭蕉叶的右半片。

③鸟的拼摆。将胡萝卜雕刻成细条作为鸟的4根尾羽；将白萝卜、胡萝卜切成柳叶形片拼摆成鸟的腹部羽毛；将黄瓜切成柳叶形片作鸟的颈部羽毛；胡萝卜雕刻作鸟的嘴部和爪子；花椒粒作眼睛；将心里美萝卜、黄瓜、胡萝卜切成柳叶形刀面作鸟的翅膀。

④假山的拼摆。将黄瓜、蒜蓉肠、红肠切成圆片拼摆成假山，盐水虾仁放假山下方。

⑤装饰点缀。用西蓝花和小草点缀。

【制作要点】

①小芭蕉叶也可采用大叶的拼摆手法，使之色彩更加丰富。这里采用单色（即同种原料）拼摆是为了衬托大叶色彩的丰富。

②叶面的翻卷处应选用既较为柔韧又有一定内张力的原料进行拼摆。如果原料的硬度过大，叶面难以翻卷，如牛肉、赤烧等；如果原料过软，叶面的翻卷处支撑不起来，如白萝卜、山楂糕、油鸡脯肉等。

【成品特点】两片树叶大小不同，形状各异，相得益彰；尤其是叶面采用了特殊的拼摆手法，使叶面呈翻卷状，巧妙而又得体，犹如树叶在微风中轻轻摇曳，增加了画面的动感，使人有身临其境的感觉。

亭亭玉立

【用料规格】黄瓜、蒜薹、蒜蓉肠、方火腿、芹菜拌鸭丝、红肠、青萝卜皮、可食用性色素等。

【工艺流程】垫底→大荷叶的拼摆→荷花的拼摆→假山的拼摆→装饰点缀。

【制作方法】

①垫底。用芹菜拌鸭丝堆码成荷叶、花的初坯。

②大荷叶的拼摆。将黄瓜切成长柳叶形片从右下端起，依次围叠成荷叶叶面；将青萝卜皮切成风轮置于荷叶中心作叶心，蒜薹饰作荷叶叶柄。

③荷花的拼摆。将白萝卜切成瓣叠作荷叶，花尖上喷上可食用性色素。

④假山的拼摆。将黄瓜、蒜蓉肠、红肠切成圆形片拼摆成假山。

⑤装饰点缀。用青萝卜皮雕刻成小草，方火腿雕刻成小石头放在假山上方点缀即可。

【制作要点】

①荷叶拼摆时要有起伏感，不然就显得过于单板。

②刀面间距均匀。

③假山拼摆时要自然。

【成品特点】碧绿的荷叶在红荷叶的映照下，变得五光十色，颇有"接天莲叶无穷碧，映日荷花别样红"的意境。

硕果年华

【用料规格】椒盐鸡丝、胡萝卜、红肠、蒜蓉肠、白萝卜、南瓜皮、盐水虾仁、蒜薹、心里美萝卜、黄瓜、西蓝花、花椒粒等。

【工艺流程】垫底→鸟的拼摆→果实和叶子的拼摆→假山的拼摆→装饰点缀。

【制作方法】

①垫底。用椒盐鸡丝堆码成鸟和叶子的初坯。

②鸟的拼摆。将黄瓜雕刻成两条细长条作鸟的尾羽；将胡萝卜、黄瓜切成细柳叶形片拼摆成鸟的身体和腹部羽毛；将心里美萝卜、胡萝卜切成细柳叶形片拼摆成鸟的翅膀；胡萝卜雕刻成鸟嘴；黄瓜雕刻成鸟爪；花椒粒作鸟眼睛。

③果实和叶子的拼摆。用白萝卜雕刻成果实的初坯；将南瓜皮切成细柳叶形片拼摆在坯上作果实；将黄瓜切成长柳叶形片，自下往上排叠成左半片，再用黄瓜切成长柳叶形片自下而上排叠成小芭蕉叶的右半片，中间相同；蒜薹作果实的枝子。

④假山的拼摆。将心里美萝卜、蒜蓉肠、白萝卜、红肠切成圆片拼摆成假山状。

⑤装饰点缀。盐水虾仁放在假山右侧，西蓝花点缀。

【制作要点】

①果实的大小可以不相同。

②拼摆时，刀距均匀一致。

【成品特点】采用写实绘画的手法，果实于小叶之下，大小的差异也产生了视觉上距离远近的效果，整个造型纯朴自然，静中有动，动中有静。

蘑菇

【用料规格】南瓜、白萝卜、胡萝卜、青萝卜、黄瓜、油焖香菇、酱汁西蓝花等。

【工艺流程】垫底→蘑菇的拼摆→假山的拼摆→装饰点缀。

【制作方法】

①垫底。将白萝卜切成柳叶形片堆码成蘑菇菌盖和山坡的初坯。

②左蘑菇的拼摆。将白萝卜修整成长条形，皮面朝上斜批成片，从上往下排叠成蘑菇的菌柄；将染色白萝卜切成柳叶形片，从左右两侧往中间排叠作菌盖的里侧（略压菌柄）；将白萝卜斜批成柳叶形片从右向左、自上而下排叠两层作菌盖。

③右蘑菇的拼摆：将白萝卜切成柳叶形片，从右往左呈扇形排叠作菌盖内侧；将油焖蘑菇切成条状斜批成柳叶片从左向右、自上而下排叠两层作菌盖。

④假山的拼摆。将胡萝卜、青萝卜、南瓜修切成条状，皮面朝上斜批成片，自上往下排叠于山坡底部；将南瓜切成细条分缀于山坡顶部饰作小草。

⑤装饰点缀。将胡萝卜切成大薄片卷，胡萝卜细丝卷紧斜切点缀。

【制作要点】

①垫底要饱满。

②刀纹间距一致。

【成品特点】塑造了一对肥硕可爱的蘑菇形象。此造型中蘑菇一大一小、一正一反，从各个侧面展现了蘑菇的形态。造型形象逼真，长白风景跃然而出。

兰花

【用料规格】胡萝卜、白萝卜、紫菜蛋卷、黄瓜、盐水鸭脯肉、三鲜虾糕、火腿、姜汁莴苣等。

【工艺流程】垫底→修料→上兰花的拼摆→下假山的拼摆→装饰点缀。

【制作方法】

①盐水鸭脯肉、三鲜虾糕、火腿、姜汁莴苣依次从右下向左下、沿盘边缘呈弧形等分排叠成围拼（正下方留一处空白）；紫菜蛋卷切半圆形片围排干围拼外沿。

②用黄瓜雕刻成花茎，置于假山之上。

③将胡萝卜切成兰花形状，摆在花茎上。

【制作要点】

①此造型由"拼排"变格而来。

②外圈排叠用料也可改为两层，而中间构图变化。

【成品特点】构思新颖，别具一格。

竹

【用料规格】黄瓜、黄蛋糕、心里美萝卜、盐水虾、西蓝花、胡萝卜、青萝卜、鸡蛋干、彩椒等。

【工艺流程】垫底→修料→上端枝叶的拼摆→中心假山的拼摆→装饰点缀。

【制作方法】

①上端枝叶的拼摆。将黄瓜顺长一剖为二，再横斜刀排成薄片（皮面朝上），从下往上排叠在枝叶的外围（略压盖底部初坯）；将青萝卜切成长柳叶形片，从枝叶叶尖向根部排叠作左半枝叶；将黄瓜切成长柳叶形片，在菜板上排叠成近半柳叶形，左边用刀切齐成长半圆形，铲起覆在枝叶的右半部（枝叶外围均有黄瓜半露）。

②按顺时针方向，黄瓜、胡萝卜、彩椒、黄蛋糕、西蓝花、盐水虾依次摆放。

③将鸡蛋干切成块状堆放在假山底部。

【制作要点】

拼摆竹子时，从枝叶两侧往里，由叶尖向叶根依次交错排叠而成（两侧刀面的交叉点构成枝叶的筋脉），这种拼摆方法用单种原料或两色原料均可。

【成品特点】枫叶纯朴自然、筋脉清晰，色彩深淡相同，富有节奏；叶心之花，心红皮绿，互相衬映，分外醒目。

富贵吉祥

【用料规格】熟火腿、三鲜鱼糕、莴苣、香肠、黄瓜、青椒、胡萝卜、红肠、白萝卜、青萝卜、心里美萝卜、生姜丝等。

【工艺流程】垫底→大梅花的拼摆→两朵小梅花的拼摆→上鸟的拼摆→下鸟的拼摆→假山的拼摆→装饰点缀。

【制作方法】

①垫底。将心里美萝卜堆码成大小不等的3朵梅花初坯。

②大梅花的拼摆。将三鲜鱼糕、熟火腿、腐乳叉烧肉、五香酱牛肉分别切成鸡心形片，从上花瓣起依次同色重复排叠两层作梅花花瓣，生姜细丝一小撮摆于梅花中间作花心。

③两朵小梅花的拼摆。将香肠、烤鸭脯分别切成长鸡心形片，由上花瓣起依次排叠成两朵小梅花，生姜丝摆于梅花中间饰作花心。

④上鸟的拼摆。将胡萝卜雕成大水滴状薄片，用拉刻刀拉刻出羽毛纹路作尾羽，白萝卜切成细柳叶形拼摆鸟身和腹部羽毛；青萝卜切成细柳叶片拼摆成鸟翅；胡萝卜雕刻成鸟头、鸟嘴。

⑤下鸟的拼摆。与上鸟相同，注意鸟头的方向，须与上鸟对应。

⑥假山的拼摆。红肠、胡萝卜、白萝卜、黄瓜切圆片形拼摆成假山状。

⑦青萝卜刻成小草放于山间。

【制作要点】

①梅花花瓣通过面的起伏和色彩的变化。

②使造型起伏有序、立体感极强，富有律动性、丰富性和完善性。

【成品特点】此造型梅枝干苍劲挺秀，梅花生机盎然。梅花采用对称构图的方法，规范精致，简洁清雅，色彩明快和谐。

荷色月下

【用料规格】什锦土豆泥、黄瓜、卤口蘑、青萝卜、糖醋红胡萝卜、黄蛋糕、黑芝麻、香菇、蒜薹、白蛋糕等。

【工艺流程】垫底→荷叶及荷花的拼摆→鸟的拼摆→下假山的拼摆→装饰点缀。

【制作方法】

①垫底。将什锦土豆泥堆码成荷叶、鸟的初坯。

②荷叶及荷花的拼摆。黄瓜切成长方形片，从左往右排叠成扇形作为荷叶的背面部；

将整根黄瓜顺长切半，再斜批成片，从左向右排叠成荷叶叶边。

③黄瓜斜批成薄片，从右向左排叠3层作荷叶翻卷面；将卤口蘑缀作荷叶叶心部；取蒜薹切半拼摆作荷叶叶柄。

④左边鸟的拼摆。咖啡色鱼胶切长条状作鸟部羽毛，盐水竹节虾从右向左（背部朝外）排叠成胸部，白萝卜分别切成长鸡心形，从右向左依次排叠作鸟身部和颈部的羽毛。胡萝卜雕刻成鸟头，黑芝麻作鸟的眼睛。

⑤装饰点缀。红胡萝卜刻切成橄榄形拼作莲花，黄瓜切条作柄及小草；黄瓜切细丝缀作水波纹。

⑥下假山的拼摆。胡萝卜、黄蛋糕切圆片形拼摆成假山状。

【制作要点】
①荷叶采用翻摆的手法。
②鸟的形体应饱满。

【成品特点】构成了诗情画意的生活乐趣，妙不可言，造型美观，得体和谐。

雨后春笋

【用料规格】土豆泥、黄瓜、盐味红胡萝卜、灯笼椒、心里美萝卜、红肠、虾仁、蒜蓉西蓝花、酱牛肉、虾子、茭白、咖啡色鱼胶等。

【工艺流程】垫底→笋与竹的拼摆→假山的拼摆→装饰点缀。

【制作方法】
①用土豆泥堆码大小不等的两只笋的初坯。
②将灯笼椒切成一撮细丝摆在笋初坯的顶端作笋须；将盐味红胡萝卜切成长方形片，在菜板上从上往下呈斜方向排叠，刀面的左边修切成略带弧状，铲起覆在初坯顶部成第一层刀面笋衣；将灯笼椒切成长方形片，在菜板上从上往下与第一层刀面呈反方向排叠，刀面的右边修切成略带弧状，铲起覆在初坯中部作第二层笋衣；将心里美萝卜、红胡萝卜分别切成长方形片，依次按以上方法拼摆成笋子的第三层到第七层笋衣。
③将盐味红胡萝卜切成一撮细丝放在初坯的顶端作须笋；将心里美萝卜、盐味红胡萝卜分别切成柳叶形片，依次从上往下层层排叠成纺锤状刀面作笋的外衣。
④将糖醋黄瓜刻切成竹竿、竹枝和竹叶，用蒜蓉西蓝花缀于竹子的底端作绿草。
⑤将酱牛肉、红肠、黄瓜分别切成柳叶形片排叠成山坡、虾仁缀于山坡底端。

⑥将糖醋黄瓜切蓑衣刀捻开摆于土坡与笋之间饰作小草。

【制作要点】

①修料时要整齐均匀。

②笋子拼摆采用交叉排拼的刀法。

【成品特点】此造型主题鲜明突出，色彩艳丽，美观大方。

5.2.3　花形花式冷盘的拼摆

中国梦

【用料规格】土豆泥、黄蛋糕、猪肉脯、红肠、原味火腿、五香酱牛肉、水晶肴蹄、咖啡色鱼胶、盐味药芹、珊瑚卷、彩色白蛋糕、绿樱桃、卤鸭脯肉等。

【工艺流程】垫底→奖杯杯盖的拼摆→杯身的拼摆→杯座的拼摆→中心花束的拼摆→下假山的拼摆→装饰点缀。

【制作方法】

①垫底。用土豆泥在盘中堆码成奖杯杯身的初坯。

②奖杯杯盖的拼摆。将红肠切成长梯形片，从左往右排叠成奖杯杯盖（近似三角形）；黄蛋糕刻作葫芦形，底部接拼半粒绿樱桃摆在红肠顶端作杯盖顶部，将猪肉脯切成长方形片绕杯盖顶端曲作彩带。

③杯身的拼摆。将原味火腿、五香酱牛肉、水晶肴蹄切成长方形片，分别从左向右、由上往下排叠3层作杯身；将彩色白蛋糕、黄蛋糕分别切成三角形片和菱形片，从左往右按序排叠两层作杯腰。

④杯座的拼摆。将咖啡色鱼胶切成长梯形片，从左往右排叠近似呈三角形作杯座；将黄蛋糕切成正方形片从左往右排叠在杯盖与杯身的交接处；用黄蛋糕刻作杯把拼摆于杯身两层。

⑤中心花束的拼摆。将盐味药芹整理平齐，切段，排放在奖杯左下方作花枝；将猪肉脯切成长方形片缠绕盐味药芹作束花绶带；将卤鸭脯肉斜批成月牙形片；红肠切成半圆形

片分别圈摆成花。

⑥下假山的拼摆。胡萝卜、黄蛋糕切圆片形拼摆成假山状。

【制作要点】

①奖杯拼摆成半立体结构。

②鲜花摆放应错落自然。

【成品特点】一只金光闪闪的奖杯和一束五彩缤纷的鲜花，是胜利和荣誉的象征，构图巧妙而完美，是庆功宴的最佳选择。

渔家乐

【用料规格】姜汁菠菜松、紫薯、拌莴苣、炝药芹、香菜叶、蒜蓉西蓝花、胡萝卜、青萝卜、南瓜、红肠等。

【工艺流程】垫底→船的拼摆→螃蟹的雕刻→荷叶的拼摆→假山的拼摆。

【制作方法】

①垫底。用姜汁菠菜松堆码成船的初坯。

②船的拼摆。将紫薯切成长方形薄片分别从左向右依次排叠成船身；将胡萝卜切段摆于每层的两刀面接处；将胡萝卜切成渔网状放置在用莴苣雕刻的竹竿上。

③螃蟹的雕刻。用胡萝卜雕刻出螃蟹摆在渔网上。

④荷叶的拼摆。红肠切成圆片捻开摆作假山，香菜叶和蒜蓉西蓝花点缀于盘子底端。青萝卜斜批成薄片，从右向左排叠作荷叶，摆出大小不一的荷叶。

⑤假山的拼摆。南瓜雕刻出远处的三座小山。

【制作要点】

①原料的初加工要符合拼摆制作的要求。

②制作过程要做到刀工精细，刀距等达到一定的要求。

③拼摆时，注意钟的总体造型以及各个部位之间的比例。

④拼摆制作要体现小船表面的立体感觉。

【制作特点】小船巧妙地利用刀面自然弧形拼摆而成，使船的造型更加逼真。再加上栩栩如生的螃蟹，使画面充满了自然生动的情趣。

丰囤

【用料规格】绝味鱼松、白萝卜、胡萝卜、青萝卜、蒜蓉肠、南瓜、紫薯、鸡蛋干等。

【工艺流程】垫底→鹦鹉的拼摆→花的拼摆→假山的拼摆→点缀装饰的制作拼摆。

【制作方法】

①用绝味鱼松堆码成鹦鹉的初坯。

②白萝卜切水滴状薄片分别从右向左依次由下向上排叠五层作鹦鹉的身体,胡萝卜雕刻成鹦鹉的头和爪子。

③白萝卜切成花瓣状拼摆出两朵花卉,青萝卜切成薄片摆作叶子。。

④蒜蓉肠、胡萝卜、南瓜、紫薯切成图片拼摆出假山,鸡蛋干切成小块拼摆成一排。

【制作要点】

①在制作过程中要做到刀工精细,刀距一致。

②拼摆制作要体现丰囤表面的饱满立体感觉。

【成品特点】采用对称构图的形式,构图新颖别致,大方得体,整个画面洋溢着粮食满仓的丰收的景象。

华山日出

【用料规格】怪味山鸡丝、冻红羊糕、黄蛋糕、五香牛肉、酸辣莴苣、心里美萝卜、青萝卜、鸡蛋干、椒麻竹笋、香菜叶、油焖香菇、酱口条、白蛋糕、红樱桃、胡萝卜、拌黄瓜、蒜薹、蒜味西蓝花、肴肉、白萝卜等。

【工艺流程】垫底→假山的拼摆→制作花朵及枝叶→鸟的拼摆。

【制作方法】

①将冻红羊糕、黄蛋糕、酸辣莴苣、糖醋红胡萝卜、椒麻竹笋、酱口条切成长方形片,分别从左往右,按序由上向下堆叠成盘子中间的大山;用蒜味西蓝花排堆在山脚下作绿草。

②制作花朵及枝叶。心里美萝卜切成花瓣状拼摆成花卉,青萝卜斜切薄片拼摆出

叶子。

③鸟的拼摆。心里美萝卜雕刻出鸟尾，心里美萝卜和白萝卜切成细柳叶片拼摆成鸟的头和鸟的身部，心里美刻成鸟嘴和鸟冠和鸟爪。

④黄蛋糕、五香牛肉、拌黄瓜、椒麻竹笋切长方形片，按以上方法排叠于盘子的左上端作远处小山。

⑤将胡萝卜切成条拼摆于两山顶端之间饰作太阳；将鸡蛋干刻出小山。

【制作要点】

①拼摆假山时要体现假山的丰满。

②拼摆制作假山时要体现假山的层次感。

③制作过程中做到刀工精细，刀距一致。

【成品特点】壮美景观，磅礴，有气势，细腻。

湘湖春色

【用料规格】琼脂、绿菜叶、紫菜蛋卷、红曲卤鸭脯、黄色虾蓉、白菜卷、白嫩油鸡脯、五香牛肉、盐味对虾仁、红肠、火腿肠、彩色白蛋糕、油焖冬笋、炝西芹、红樱桃、绿樱桃、蜜汁银耳、姜汁西蓝花、皮蛋、三鲜土豆泥、拌黄瓜、鳜鱼蛋卷等。

【工艺流程】制作盘子底色→土豆泥堆码船的初坯→船身的拼摆→左帆的拼摆→右帆的拼摆→水浪的拼摆→海岸、假山及水草的拼摆→装饰点缀。

【制作方法】

①制作盘子底色。将琼脂熬溶，加绿菜汁拌匀并调味，倒入盘子下半部冷凝成胶冻。

②土豆泥堆码船的初坯。用三鲜土豆泥堆码成帆船的初坯。

③船身的拼摆。白嫩油鸡脯肉切片，从左向右排叠作船身的底部；将紫菜蛋卷切成椭圆形片，排叠作船的上边沿；将红曲卤鸭脯肉斜批成片，从左向右排叠作船身的上半部（略压紫菜蛋卷）；将黄色虾蓉、白菜卷切成椭圆形片，从左向右横向排叠于白嫩油鸡脯和红曲卤鸭脯之间作船身的中段。

④左帆的拼摆。将盐水对虾仁、红肠、彩色白蛋糕、火腿肠、鳜鱼蛋卷切半圆形片，从左向右，按序由下向上分别排叠5层作左帆帆面；将拌黄瓜切成细条镶嵌在每层帆体相接处；将炝西芹切段拼接作桅杆；将红樱桃切半排作桅杆的顶端；将拌黄瓜切丝饰作帆绳。

⑤右帆的拼摆。将五香牛肉、油焖冬笋切成半圆形片，依次按以上方法拼摆成右帆。

⑥水浪的拼摆。将蜜汁银耳散摆于船身右下端和左下端作水浪；将拌黄瓜切丝拼摆成盘子右端的海洋。

⑦海岸、假山及水草的拼摆。将油焖冬笋、红肠、紫菜蛋卷、五香牛肉切成椭圆形片排叠作海岸；将皮蛋切成月牙形片饰作珊瑚石；用姜汁西蓝花饰作绿草。

⑧装饰点缀。

【制作要点】

①在拼摆帆时要体现被风吹起的感觉。

②拼摆制作要体现船的层次感。

③拼摆时注意浪花的动态感。

【成品特点】此造型构思新颖，造型逼真。

梅

【用料规格】青萝卜、咖啡色鱼糕、黄色虾糕、炝青椒、烟熏猪肉、方火腿、鸡蛋干、肴肉、红樱桃、挂霜腰果、盐水虾仁等。

【工艺流程】上方花枝的拼摆→左侧假山的拼摆→装饰点缀。

【制作方法】

①上方花枝的拼摆。将肴肉切成长方形条状拼接作盆口。

②将黄色虾糕、咖啡色鱼糕切成长条状，从上向下分别拼接4层盆身。将烟熏猪肉切成长条状拼摆成花盆底座。将青萝卜切成长条形，拼摆成梅枝。

③用红樱桃刻作梅花和花苞。

④装饰点缀。将挂霜腰果和盐水虾仁摆于梅花树根左右两侧假山，用炝青椒刻切成丝缀作小草。

【制作要点】

①制作过程中要做到刀工精细，刀距等达到一定的要求。

②注意梅花树形态要逼真，有动态感觉，栩栩如生。

【成品特点】构图简洁明了，拼摆方便迅速。花盆端正，梅枝苍健古朴，红梅翘首枝头，喻示人们对春天的向往。

春映江南

【用料规格】绿色虾蓉蛋卷、蟹黄糕、鸡汁冬笋、猪耳糕、火腿蓉黄瓜卷、醉鸡脯肉、姜汁黄瓜、酸辣明虾仁、西蓝花、盐水青豆、香菜叶、佛手罗皮等。

【工艺流程】拼摆左侧蝴蝶→拼摆上方花枝→拼摆下方摆件→装饰点缀。

【制作方法】

①将猪耳糕、蟹黄糕、绿色虾蓉蛋卷、鸡汁冬笋切成椭圆形片，从上向下、由外向里分别排叠四层作蝴蝶的两侧大翅。

②将醉鸡脯肉、火腿蓉黄瓜卷切成椭圆形片，分别由外往里排叠两层作蝴蝶的两侧小翅膀；将猪耳糕切成宽柳叶形片上叠鸡心形鸡汁冬笋片，再覆上半粒盐水青豆拼于两侧小翅下端作蝴蝶的尾翅。

③用酸辣明虾仁由上向下排叠作蝴蝶的身部；将盐水青豆摆于蝴蝶头部两侧作蝴蝶的眼睛；将姜汁黄瓜刻切成细条拼摆作蝶须；将佛手罗皮拼于蝴蝶上端作花；四周摆上香菜叶作花叶。

【制作要点】

①制作过程中要做到刀工精细，刀距等达到一定的要求。

②注意蝴蝶的比例特征，翅膀较大，身体相对较小。

③蝴蝶的眼睛在制作时可以夸张一点，做得大一些，触须稍微长一些。

【成品特点】蝴蝶形态轻盈飘逸，色彩层次清晰，鲜花玲珑小巧，互为辉映，尤其是鲜花的静态，恰好映衬出蝴蝶的飞舞动态，增添了无限的情趣。

盆景集萃

【用料规格】葱椒鸡丝、青萝卜、白萝卜、胡萝卜、水煮鸡胸肉、花椒粒、红肠、虾仁、黄色鱼糕、黄瓜等。

【工艺流程】两只鸳鸯的拼摆→盆景的拼摆→假山的拼摆→装饰点缀。

【制作方法】

①将葱椒鸡丝堆码成鸳鸯身部及翅膀的初坯。

②青萝卜切细柳叶片从左向右排叠作鸳鸯尾部第一层长羽。白萝卜切成柳叶形片，从左向右排叠作鸳鸯尾部第二层关羽。

③鸳鸯身部用白萝卜切细柳叶片拼摆全身，花椒粒摆作眼睛；胡萝卜刻作鸳鸯嘴、鸳鸯爪。

④水煮鸡胸肉切长方形片从左向右排叠成盆身；水煮鸡胸肉切条状排叠成生姜造型，表面用酱汁轻微刷下模仿泥土。

⑤红肠、虾仁、胡萝卜、黄色鱼糕切成圆片作为假山，黄瓜雕刻成小草点缀即可。

【制作要点】

①拼摆刀法自然，间距一致。

②主盘假山拼摆错落有序。

【成品特点】以山水盆景为主拼，构成了以盆景为主题的组合造型。两山形分神合，玲珑精致，花木品种相异，各具特色，构成一幅盆景集萃图。

醉美西溪

【用料规格】盐水虾仁、蒜蓉黄瓜、葱油海带、红肠、红曲卤鸭肺、黄瓜、卤口蘑、蒜薹、盐水鸭脯肉、黄蛋糕、姜汁西蓝花、咖啡色鱼糕、盐水青豆、白萝卜、心里美萝卜、青萝卜等。

【工艺流程】上方假山及桥的拼摆→荷叶及荷花的拼摆→鹅的拼摆→岸边的拼摆→点缀装饰。

【制作方法】

①将黄蛋糕、红肠、咖啡色鱼糕切成椭圆形片，盐水鸭脯肉切成柳叶形片，分别从左往右、自上而下排叠成珊瑚石；将蒜蓉黄瓜切成蓑衣刀纹、姜汁西蓝花一并饰作水草；将葱油海带刻作小草，白萝卜雕刻成白天鹅；将盐水虾仁堆在左下角姜汁西蓝花上。

②用肉松堆码成虾的初坯；将葱油海带切成长鸡心形片排叠作虾尾；将红曲卤鸭脯切成长方形片，从后往前排叠成虾的身部；用红肠刻作虾头；用蒜蓉黄瓜刻作虾须和大爪；用盐水青豆作虾的眼睛；蒜蓉黄瓜拼摆成水草。

③黄瓜斜批成薄片，从右向左排叠三层作荷叶翻卷面；将卤口蘑作荷叶叶心部；取蒜薹切半拼作荷叶叶柄。

【制作要点】

①拼摆要自然，间距一致。

②主盘假山拼摆要错落有序。

【成品特点】以天鹅和荷叶为主拼，构成了主题鲜明的组合造型。各种动物小巧玲珑，活灵活现，美丽的西溪跃现盘中。

农家小菜

【用料规格】黄瓜、红肠、南瓜、青萝卜、鸡蛋干、盐水明虾仁、西蓝花、火腿、烤鸭脯肉、猪耳糕、炝青椒、香菜叶等。

【工艺流程】白菜的拼摆→下方假山的拼摆→装饰点缀。

【制作方法】

①将火腿切成长梯形片卷叠成一束喇叭花。

②青萝卜切成鸡心状薄片拼摆成白菜。

③将烤鸭脯肉、猪耳糕切成柳叶形片对拼成5片大叶；将炝青椒刻切成柳叶形片、香菜叶分别饰作绿色花叶。

④南瓜、红肠分别切柳叶形片排叠成山坡；虾仁和西蓝花缀于山坡上，鸡蛋干切成小块排叠在底部。

【制作要点】

①拼摆刀法要自然，间距一致。

②主盘鲜花要大方得体。

【成品特点】以数种花卉和蔬菜构成组合造型，宛如百花盛开、争奇斗艳的花的芳香世界。群英荟萃的宴席上用此造型的冷盘尤为适合。

[评价方法]

实践操作。

[评价内容]

一般冷菜的拼摆、什锦冷盘的拼摆、花式冷菜的拼摆以及其他冷菜的拼摆。

[思考与练习]

1. 学会单拼、双拼、六拼的拼摆。

2. 在教师的指导下进行什锦冷盘和花式冷菜的拼摆。

3. 结合本模块所学知识，自主选择原料，在教师的指导下，拼摆花式冷菜。

模块6

主题冷盘设计

模块描述：此模块为主题冷盘设计，按照冷盘设计的主题不同，将冷盘分为祝寿主题冷盘、庆功主题冷盘、迎宾主题冷盘、节日主题冷盘和其他主题冷盘。通过对冷盘进行主题分类可在很大程度上方便教师的教学和学生的学习。

教学目标：

终极目标：对主题冷盘的设计有一定的认知，并学会常用主题冷菜的制作。

过程目标：通过本模块的学习要求学生能够独立进行主题冷盘的设计，并学会庆功主题冷盘、祝寿主题冷盘、节日主题冷盘、迎宾主题冷盘和其他主题冷盘的制作。

任务分解：

任务1　庆功类主题冷盘

任务2　祝寿类主题冷盘

任务3　节日类主题冷盘

任务4　迎宾类主题冷盘

任务5　其他类主题冷盘

任务1　庆功类主题冷盘

[学习目的]

通过本任务的学习，要求学生对庆功类主题冷盘的设计和制作有基本的了解和认知。

[教学方法]

示范、讲授、情境教学、图片展示、任务驱动。

[任务驱动]

庆功类主题冷盘作为主题冷盘的一个组成部分，首先要明白该类冷菜的主题，如何把握该类主题冷盘的设计主题要点和制作过程中的技术要素。

[课程思政拓展点]

做有良心的厨师

案例　现有些餐厅厨房使用合成肉来充当原切肉的现象，就此现象进行分析。

[知识链接]

欣欣向荣

【用料规格】黄瓜、柠檬、胡萝卜、白萝卜、心里美萝卜、香菇、青萝卜等。

【工艺流程】上方枝叶的拼摆→鸟的拼摆→左侧枝叶的拼摆→下方假山的拼摆→装饰点缀。

【制作方法】

①将香菇撕成细丝在盘子中间堆码成叶子的初坯。

②取大小相同的黄瓜皮按实际大小围排在树枝初坯的周围（叶尖朝外）。

③将黄瓜、心里美萝卜、白萝卜、青萝卜切成柳叶形片，按序各自以对称的形式自叶尖向两侧排叠成。

④将柠檬切成半圆形片，圆弧面朝外沿鸟身体初坯底边围排一圈。

⑤将白萝卜切成细柳叶片拼摆鸟的全身，胡萝卜刻作鸟嘴、鸟爪，切成小圆片拼摆在鸟翅膀的上半部，胡萝卜切成椭圆拼摆在鸟翅膀的下半部，最后用胡萝卜刻作鸟尾。

⑥白萝卜切成花瓣状拼摆出两朵花卉，将青萝卜切成薄片摆作叶子，心里美萝卜切小粒撒在花上。

⑦黄瓜、心里美萝卜切成圆片拼摆出假山。

【制作要点】

①原料的初加工要符合拼摆制作的要求。

②在制作过程中要做到刀工精细，刀距等达到一定的要求。

③在拼摆设计时，要注意花叶之间的比例。中间的网状结构要精细。

④围碟的设计要符合主题要求。

【制作特点】用青萝卜作绿色叶边，花盘形态圆润饱满，构图松散有节。

金鸡争雄

【用料规格】胡萝卜、皮蛋肠、酱油、白萝卜、方火腿、黄瓜、心里美萝卜、青萝卜、青椒、葱油风鸡、西芹等。

【工艺流程】拼摆鸡的初坯→鸡的拼摆→假山的拼摆→围碟拼摆→刻字的制作。

【制作方法】

①拼摆鸡的初坯。将葱油风鸡撕成丝，堆码成鸡的初坯。

②鸡的拼摆。将黄瓜、青萝卜分别修成羽毛状，从后向前排叠作鸡尾部8根长羽毛；将心里美萝卜切成柳叶片拼摆成鸡尾；使心里美萝卜片和黄瓜制作的羽毛镶在一起，再用带绿皮的心里美萝卜修成两个长条的鸡心形，切成薄片拼摆在心里美萝卜片上，作为鸡的翅膀，再用皮蛋肠修成小圆柱形，切成圆形薄片，附在翅膀上；用白萝卜修成较长的柳叶形片拼在鸡的脖子上，使脖子的羽毛覆盖住皮蛋肠以及最底层的心里美萝卜；用胡萝卜分别雕刻出鸡头和鸡爪，附在鸡身。用仿真眼作为鸡的眼睛。

③假山的拼摆。将皮蛋肠用戳刀修整出小假山形状，放到鸡爪下面，用黄瓜修成长的鸡心形，切片捏成中间高两边低的假山形，摆在皮蛋肠假山下方，再用心里美萝卜同样修成长的鸡心形，切片捏成中间高两边低的假山形状摆放在黄瓜下方。黄瓜整根切薄片，摆成一个有弧度的假山，摆放在心里美萝卜下方。同理将白萝卜、胡萝卜、心里美萝卜、黄瓜，依次修成长的鸡心形，切片捏成中间高两边低的假山形状，再依次摆放在一起。方火

腿修成圆锥形，将其切片摆放整齐，摆放在黄瓜做成的假山边上；胡萝卜切丝备用，白萝卜薄片泡盐水，使白萝卜的质地变软，用白萝卜片将胡萝卜丝裹成小圆柱，再斜切成菱形状摆在一起做小花的装饰，摆放在方火腿旁边。同理，皮蛋肠也修成小圆柱形，斜切成菱形摆放在一起作为小花。青萝卜皮用雕刻刀修成小草状放在假山左侧用来衬托假山，再放一些西芹即可。

④围碟的拼摆。用方火腿雕刻成花瓶托和花架，泡在酱油中上色；将心里美萝卜修成水滴形，并修成大中小3个层次，用来制作花瓣，水滴形的心里美萝卜全部切成薄片，搓成中间高、两边低的花瓣形状，同时用手捏出花的轮廓。同理，制作出一样的3朵花，花形不用一致。将葱油风鸡撕成丝堆码成半圆形，将白萝卜修成长块，并切成薄片摆放在半圆形上。将黄瓜雕刻成花叶和花枝，用来衬托花朵。再将泡完酱油的方火腿吸干水，摆放在花朵和瓶罩下面即可。

⑤刻字的制作。用雕刻刀在青萝卜上雕刻字迹，取出，摆在盘子的左上角即可。

【制作要点】
①原料的初加工要符合拼摆制作的要求。
②在制作过程中要做到刀工精细，刀距等达到一定的要求。
③注意鸡的形态区别与特征以及身体的特点。
④注意鸡的尾巴要大一些。

【制作特点】雄鸡腾空而起，不可阻挡。尤其是鸡的造型和羽毛的巧妙拼摆，把斗鸡的神态表现得惟妙惟肖。

只争今朝

【用料规格】葱椒鸽丝、南瓜、白萝卜、青萝卜、虾仁、荷兰芹、红肠、蒜蓉肠、黄瓜、心里美萝卜、皮蛋肠、黄蛋糕、琼脂等。

【工艺流程】制作鸳鸯的初坯→鸳鸯的拼摆→荷花的拼摆→小桥的拼摆→假山的制作→水面的制作。

【制作方法】
①将葱椒鸽丝堆码成鸳鸯初坯。
②鸳鸯的拼摆。将青萝卜修成长的鸡心形切片摆在鸳鸯的尾部；用黄瓜修成两个长的鸡心形切片相对摆成鸳鸯的翅膀尖部；用心里美萝卜修成两个长的鸡心形切片摆成鸳鸯的

翅中部分；用皮蛋肠修成两个鸡心形切片摆放成鸳鸯的翅根部分；用白萝卜修成长方形薄片，切片摆放在鸳鸯的腹部；用白萝卜和胡萝卜雕刻成鸳鸯的头部和鸟冠；用仿真眼作鸳鸯的眼睛。第二只鸳鸯的制作手法同第一只，原料可以自由搭配。

③荷花的拼摆。用青萝卜雕刻成莲蓬备用；用白萝卜修成荷花的花瓣形，保持中间厚、四周薄；用刀将白萝卜的中间部分划开，两头不能断开，依次从外向里摆放成荷花的样子，再将莲蓬放在荷花的中间部分，完整的荷花就已经成形；在荷花的下方放几个用皮蛋肠修的小假山；用青萝卜修出荷叶。

④小桥的拼摆。用南瓜修整出小桥的基本形状；用南瓜切成长方块薄片拼摆在桥面上；用黄瓜修成桥的围栏摆放在桥的两侧。

⑤假山的制作：将白萝卜、黄瓜、心里美萝卜切成圆柱形长条，斜切成薄片，拼摆成假山的模样；将红肠、蒜蓉肠也斜切成薄片摆成假山的模样备用；将胡萝卜雕刻成宝塔形，宝塔摆放在群山中间，再将心里美萝卜切丝，白蛋糕修成长方形薄片，白蛋糕包裹住心里美萝卜丝，斜切成菱形，拼摆在一起，成为小花型；在红肠旁边摆放一些虾仁，四周点缀一些荷兰芹。

⑥水面的制作：将琼脂放入水中熬制，待其融化、冷却，放到盘子中即可形成水面。

【制作要点】

①原料初加工要符合拼摆制作的要求。

②在制作过程中要做到刀工精细，刀距等达到一定的要求。

③注意鸳鸯的形态区别与特征以及身体的特点。

④琼脂在浇筑时要轻巧。

【制作特点】结构合理、布局大方，鸳鸯以张扬的尾羽和鲜红的头冠显得精神抖擞。鸳鸯翘尾昂首，姿态优美，给人以"比翼双飞"的想象。假山结构转折有力，起伏变化丰富。

金榜题名

【用料规格】椒香鸡丝、鸡蛋干、青萝卜、黄瓜、西蓝花、虾仁、红肠、蒜蓉肠、鸭胗、方火腿、胡萝卜、心里美萝卜、白萝卜、冬瓜、南瓜等。

【工艺流程】堆码舞狮头初坯→舞狮头的拼摆→假山的拼摆→字体的拼摆。

【制作方法】

①堆码舞狮头初坯。用椒香鸡丝在盘中堆码成舞狮头的初坯。

②舞狮头的拼摆。将白萝卜切成长条形，切片沥干水分拼摆在舞狮的面部；南瓜切成薄长条形，切片拼摆在舞狮的头顶部，拼摆的过程中要和基本造型服帖；用心里美萝卜切成椭圆形，切片拼摆在舞狮的鼻子部分；用冬瓜皮雕刻出舞狮的眼睛，贴在舞狮的鼻子两侧；将胡萝卜切成小圆球，放在舞狮的鼻子两侧下方；将心里美萝卜切成圆锥形，放在舞狮头顶，作为舞狮的角；用拉线刀在青萝卜上拉刻出胡须，贴在舞狮鼻子的两侧；将胡萝卜切成细圆柱，南瓜切成长方块，切片分别拼摆在胡萝卜圆柱下面作为横幅；将心里美萝卜带皮用挖刀挖出多个小圆柱，拼摆在一起，形成鞭炮。

③假山的拼摆。将鸭胗去皮，用戳刀修成小型石块形，拼摆在最上侧；将方火腿修成半圆形，使边角的弧度变薄，卷成类似喇叭花的形状，拼摆在鸭胗左侧；将红肠、蒜蓉肠、黄瓜斜切成椭圆形薄片，拼摆成假山形，交叉地拼摆在鸭胗下方，虾仁竖立地拼摆在红肠旁边；将鸡蛋干和青萝卜切成长立方块，切片搓开，拼摆在最下侧；用西蓝花和雕刻的小草点缀在假山上。

④字体的拼摆。用雕刻刀在青萝卜上雕刻字体，取出，摆在横幅上即可。

【制作要点】

①原料的初加工要符合拼摆制作的要求。

②在制作过程中要做到刀工精细，刀距等达到一定的要求。

③在制作时注意舞狮和点缀物之间的比例以及在盘中的位置。

【制作特点】生动形象的舞狮，是胜利和荣誉的象征，构图巧妙而完美。此造型是庆功宴的最佳选择。

马到成功

【用料规格】胡萝卜、白萝卜、白蛋糕、黄瓜、金针菇、黄蛋糕、皮蛋肠、鸡蛋干、腌萝卜、虾仁、牛肉、白肉、红肠、蒜蓉肠、西蓝花、心里美萝卜、青萝卜、蒜薹、椒油肚丝、卤兔耳等。

【工艺流程】堆码成马的初坯→马的身体的拼摆→假山及小花的拼摆→围碟的制作→装饰点缀。

【制作方法】

①堆码成马的初坯。用椒油肚丝码堆成马头、马身、马颈部的初坯。

②马的身体的拼摆。用胡萝卜雕刻出马蹄和马头的部分备用；将南瓜修成长方形片，切片拼摆在马的背部；用同样的方法拼摆马的背部以及颈部，用南瓜修成薄片覆盖全身，用白萝卜修成长方薄片，切成丝状沥干水拼摆在马头，作为马的毛发；用白蛋糕切成长方

形片再切成细丝状卷起来拼摆在马尾部分。

③假山及小花的拼摆。将红肠、皮蛋肠、黄蛋糕、蒜蓉肠斜切成椭圆形薄片，拼摆成假山形，按照从上向下的顺序拼摆，保持假山和假山的间距相同；红肠的下侧拼摆一些西蓝花，在西蓝花的右侧拼摆一些背面朝上的虾仁，在虾仁的右侧再拼摆一些西蓝花作跳色；将鸡蛋干、白肉、牛肉和卤兔耳切成薄片拼摆成假山，一并拼摆在红肠左侧，再将白肉的左侧拼摆一些虾仁，点缀一些西蓝花，在牛肉和白肉之间再点缀一些金针菇；将胡萝卜切丝，白萝卜切薄片泡盐水，用白萝卜薄片包裹住胡萝卜成一个圆柱形；斜切成菱形，在横截面拼摆在一起成小花；将白蛋糕切成长的鸡心形再切薄片，将切好的薄片放在左手虎口位置，用右手大拇指和食指捏成喇叭花状；用手的虎口部位捏成喇叭花状；将心里美萝卜切成长条，放在喇叭花里，作为花心；黄瓜留根部一点，贴在喇叭花下面，青萝卜切成长条作为花的枝干；用皮蛋肠切薄片拼摆成假山状，覆盖在喇叭花的枝干上；将鸡蛋干切薄片修成假山状拼摆在皮蛋肠做的假山上，左侧再放一些白萝卜卷和胡萝卜做成的小花；将鸡蛋干切成长立方块，切成小块搓出一定的倾斜度，摆放在盘子边缘。

④围碟的制作。将红肠、心里美萝卜、青萝卜、蒜蓉肠斜切成椭圆形薄片，拼摆成假山形，按照从上往下的顺序拼摆在一起，保持假山和假山之间的间距相同；将鸡蛋干、腌萝卜切成长方形块，切片摆成假山形，拼摆在心里美萝卜的下侧；将白萝卜用雕刻刀雕成白云状，拼摆在假山下面，用于装饰假山，再用雕刻刀修一些小草，作为装饰。

【制作要点】
①原料的初加工要符合拼摆制作的要求。
②在制作过程中要做到刀工精细，刀距等达到一定的要求。
③注意马的形态特征，突出马的肌肉感。
④马的拼摆要体现出马的强壮有力。

【制作特点】此造型中马腾空而起，疾奔向前，给人以雄健、进取和一马当先的感觉。尤其是该造型别出心裁，使形象色彩也如马的固有之色、之质，块面大小、形状依马的肌肉解剖结构铺排，更显得生动自然，栩栩如生。

乘风破浪

【用料规格】青萝卜、皮蛋肠、红肠、蒜蓉肠、白萝卜、心里美萝卜、腌萝卜、南瓜、胡萝卜、黄瓜、菱角、红色水晶冻、木耳等。

【工艺流程】鱼的初坯的拼摆→鱼的拼摆→荷叶的拼摆→假山的拼摆。

【制作方法】

①鱼的初坯的拼摆。用鸡丝堆码成鱼的初坯。

②鱼的拼摆。将胡萝卜雕刻成鱼头和鱼鳍状备用；用南瓜修成长方形块，切片拼摆成鱼尾；用红色水晶冻修成小的长圆柱形切薄片，按照从尾到头一片搭着一片的方式拼摆成鱼鳞；用青萝卜修成小圆柱形切薄片摆成鱼背鳍状；将雕刻好的鱼头和鱼鳍固定在鱼身；用青萝卜雕刻成小的荷叶形状，放在鱼尾下方用来装饰，再用木耳切细丝作水波浪。

③荷叶的拼摆。用白萝卜雕刻出荷叶底座，黄瓜修成水滴形，切薄片偏摆在荷叶的底座上；同样按照以上步骤拼摆出另一片荷叶备用；南瓜雕刻成竹篮状，青萝卜雕刻成篮子的提把，在中间部分用拉线刀拉出一些长线，裹在篮子的手提把表面；用白萝卜修成藕状；将白萝卜修成长方块切片，拼摆在雕刻好的藕节上面，用黄瓜丝扎藕节的部分；用心里美萝卜雕刻成菱角形，放在竹篮里面。

④假山的拼摆。将红肠、腌萝卜、蒜蓉肠斜切成椭圆形薄片，拼摆成假山状，按照从上向下的顺序拼摆在一起，保持假山和假山的间距相同；用皮蛋肠雕刻出假山的形状，拼摆在蒜蓉肠的前方；将心里美萝卜切丝，白萝卜切薄片泡盐水，用白萝卜薄片包裹住心里美萝卜成一个圆柱形；将卷好的萝卜丝斜切成菱形，在横截面拼摆成小花，拼摆在蒜蓉肠右侧，再用拉线刀修出小草作为装饰。

【制作要点】

①原料的初加工要符合拼摆制作的要求。

②在制作过程中要做到刀工精细，刀距等达到一定的要求。

③拼摆鱼时要体现游泳的感觉。

④拼摆荷叶时要有层次感。

⑤拼摆时注意鱼的动态感。

【制作特点】此造型以鱼水深情、鱼水和谐为主题，造型优雅，色彩艳丽。尤其是荷叶之间的比例由小到大，突出层次感，莲藕以及菱角的制作更是给人贴近生活的感觉，作为欢送为主题的宴席颇为贴切。

 任务2　祝寿类主题冷盘

[学习目的]

通过本任务的学习，要求学生对祝寿类主题冷盘的设计和制作有基本的了解和认知。

[教学方法]

示范、讲授、情境教学、图片展示、任务驱动。

[任务驱动]

祝寿类主题冷盘作为主题冷盘的一个组成部分，首先要明白该类冷菜的主题，以及如何把握该类主题冷盘的设计主题要点和制作过程中的技术要素。

[课程思政拓展点]

文化自信

案例 筷子文化的传承和使用，进行分析。

[知识链接]

松鹤延年

【用料规格】黄瓜、西蓝花、黄蛋糕、心里美萝卜、胡萝卜、杨花萝卜、红肠、蒜蓉肠、虾仁、白萝卜、鸡蛋干等。

【工艺流程】堆码鹤的初坯→鹤的拼摆→假山及小草的拼摆→松树的拼摆。

【制作方法】

①堆码鹤的初坯。将澄粉堆码成鹤的初坯。

②鹤的拼摆。将鸡蛋干修成不规整的"S"形，切薄片拼摆作鹤的尾部羽毛；将白萝卜切成短柳叶形片，从上往下分别叠成鹤的右翅（里面）羽毛；将白萝卜切成长柳叶形片，分3层从下向上排叠作鹤的左翅羽毛至鹤身；将白萝卜切成柳叶形片，从身后向前排叠作鹤的大腿和身上羽毛（至颈部）；用胡萝卜和白萝卜雕刻成鹤的头以及颈部，拼摆在鹤的身上；将胡萝卜刻切成细长条摆放在鹤的腿部。

③假山及小草的拼摆。将心里美萝卜修成立方块，用戳刀修成假山状，放在鹤的下方；将红肠、蒜蓉肠、黄蛋糕、心里美萝卜、胡萝卜、黄瓜、南瓜修成圆柱形再斜切成椭圆形薄片，拼摆成假山形，按照从上向下的顺序拼摆在一起，保持假山和假山的间距相同；用盐水大虾排叠作假山放在红肠以及蒜蓉肠的左侧；将黄瓜雕刻成小草、西蓝花切成小块作为小草，点缀在假山周围；将黄瓜横截切成一头大、一头小切薄片拼摆在最下侧；将杨花萝卜一半切薄片拼摆在西蓝花旁边作为装饰；将心里美萝卜切丝，白萝卜切薄片泡盐水，用白萝卜薄片包裹住心里美萝卜成一个圆柱形；将裹好的萝卜丝斜切成菱形，在横截面拼摆在一起成小花，放在最边口作为装饰。

④松树及字体的拼摆。将鸡蛋干切成条状排叠成松树枝干；将黄瓜切成蓑衣捻开拼摆在树梢，树根部分摆放一朵西蓝花作为装饰；用雕刻刀在青萝卜上雕刻字体，取出，摆在盘子上。

【制作要点】

①原料初加工要符合拼摆制作的要求。

②制作过程中要做到刀工精细，刀距等达到一定的要求。

③制作鹤时，注意鹤的颈部比较细长，根据需要可以进行扭转。

【制作特点】此造型中苍松挺拔，鹤的神情生动自然。在构图上，盘下部实，有远有近。数寸盘子，容千里河山，加之鹤姿优逸，色彩对比和谐，给人以美的享受。

任务3　节日类主题冷盘

[学习目的]

通过本任务的学习，要求学生对节日类主题冷盘的设计和制作有基本的了解和认知。

[教学方法]

示范、讲授、情境教学、图片展示、任务驱动。

[任务驱动]

节日类主题冷盘作为主题冷盘的一个组成部分，首先要明白该类冷菜的主题，以及如何把握该类主题冷盘的设计主题要点和制作过程中的技术要素。

[课程思政拓展点]

法治意识

案例1　制作食用冷拼时，为追求美观，使用色素超标的行为探讨。

案例2　餐饮企业中，健康证的有效期管控。

[知识链接]

鹿蝶同春

【用料规格】胡萝卜、红肠、蒜蓉肠、青萝卜、白萝卜、黄瓜、酱油、心里美萝卜、青椒、鸡丝、方火腿等。

【工艺流程】鹿的初坯制作→鹿的拼摆→假山的制作与点缀装饰→花瓶与蝴蝶的制作。

【制作方法】

①鹿的初坯制作。用鸡丝堆码成鹿的初坯。

②鹿的拼摆。将胡萝卜用雕刻刀雕出鹿头及鹿腿，拼摆在鹿身上；将胡萝卜斜切成大薄片并切成细丝拼摆成鹿身，直至整个身体贴满；将黄瓜切成细丝，围在鹿颈部作为装饰；将萝卜修成小圆柱体，切成小圆片，放在鹿身上作为鹿的斑点。

③假山的制作与点缀装饰。将红肠、蒜蓉肠、黄瓜修成圆柱形再斜切成椭圆形薄片，拼摆成假山形，按照从上向下的顺序拼摆在一起，保持假山和假山的间距相同；将白萝卜和心里美萝卜修成一头大、一头小的长方块，将其切薄片放在黄瓜上侧；将皮蛋肠修成柳叶形长块切片拼摆在鹿的下面，鹿和假山要有一定的接触。

④花瓶与蝴蝶的制作。将方火腿雕刻成花瓶的底部，泡酱油上色加固；将心里美萝卜、青萝卜、白萝卜修成长方块切薄片摆成花瓶；将胡萝卜修成长条摆放在瓶吸瓶底位置，保证看不到接口；将方火腿修成长方块切片摆放在瓶颈部分，瓶口也用胡萝卜长条收口；将黄瓜修成长条切成蓑衣状拼摆在瓶口处，一样的方法将瓶口摆放成6～8个花叶；将心里美萝卜修成水滴形，修成大中小3个层次，用来制作花瓣，水滴形的心里美萝卜全部切成薄片，搓成中间高两边低的花瓣状，可以用手捏出花的轮廓，同理制作出相同的2朵花，花的形状不用一致；将黄瓜修成细长条摆放在花的根部；将心里美萝卜修成水滴形切片拼摆成3朵花瓣，拼摆在一起，注意花不用开得很大，含苞待放地摆放在花瓶上侧即可；将心里美萝卜、黄瓜、胡萝卜分别修成较短的鸡心形，拼摆成蝴蝶的翅膀，由大到小摆放，拼接在一起形成翅膀；用雕刻刀修成蝴蝶的触角及尾巴，拼摆在蝴蝶身上。

【制作要点】

①原料的初加工要符合拼摆制作的要求。

②在制作过程中要做到刀工精细，刀距等达到一定的要求。

③注意鹿的形态特征。

④两者有机结合在一起，形成一个整体。

【制作特点】鹿在中国神话中都是比较吉祥的。此造型中花篮和鹿两者有机地结合在一起，喻示着来年有个好势头，为人类赐福。

寻根

【用料规格】胡萝卜、白萝卜、白蛋糕、黄瓜等。

【工艺流程】马身体初坯的拼摆→马头的拼摆→马尾巴及细节毛的拼摆。

【制作方法】

①马身体初坯的拼摆。选用一块南瓜，用雕刻刀雕刻出大马的初廓。

②马头的拼摆。选择一段大小合适的胡萝卜，用雕刻刀雕刻成马头，将马头固定在雕刻好的马身上。

③马尾巴及细节毛的拼摆。将胡萝卜修成长方片，用雕刻刀、拉线刀将胡萝卜片切成细丝，摆放在马的身部，覆盖全身，用白萝卜修成长方薄片，切成丝状沥干水拼摆在马的头部，作为马的毛发。用白蛋糕修成长方片切成细丝卷起来拼摆在马尾部分。

【制作要点】

①马身体与马头之间的比例大小要合适。

②马脚、头部位的细节要控制得精细。

③制作的马要栩栩如生，要将马的雄伟挺拔表现出来。

【制作特点】气势雄壮，四蹄生风的骏马，奔腾在一望无际的原野上，显示出一股巨大的力量。

春意

【用料规格】胡萝卜、心里美萝卜、五香牛肉、红肠、虾仁、青萝卜、荷兰芹、青椒、莴苣等。

【工艺流程】蝴蝶的拼摆→假山的拼摆→字体的雕刻。

【制作方法】

①蝴蝶的拼摆。将心里美萝卜、胡萝卜、青萝卜切成心形片拼摆在一起作为蝴蝶的翅膀；将青椒用拉线刀拉出两条线作为蝴蝶的胡须，这样制作出来的蝴蝶更形象，代入感更强。

②假山的拼摆。将心里美萝卜、莴苣、红肠、五香牛肉修成圆柱形再斜切成椭圆形薄片，拼摆成假山形，按照从上往下的顺序拼摆在一起，保持假山和假山之间的间距相同；在假山底用少量荷兰芹、少许虾仁作装饰；用青椒雕刻成小草作装饰。

③字体的雕刻。用雕刻刀在青萝卜上雕刻字体，取出，摆在盘子上。

【制作特点】采用均衡构图的方法，两只蝴蝶翩翩起舞轻盈绚丽高低相错，色彩艳丽和谐，姿态灵动。假山的造景功能划分整体的布局凸出来的线条使得拼盘形象逼真。

情

【用料规格】什锦土豆泥、黄瓜、蒜苗、土豆、白萝卜、发菜、青萝卜、南瓜、心里美萝卜、红肠、蒜蓉肠、鸡蛋干、胡萝卜、虾仁、西蓝花、琼脂等。

【工艺流程】堆码荷叶和鸳鸯的初坯→荷叶刀面的拼摆→鸳鸯的拼摆→假山的制作→装饰点缀。

【制作方法】

①将什锦土豆泥堆码成荷叶、鸳鸯的初坯。

②将黄瓜切成长方形片，从左往右排叠成扇形作成荷叶背部；将整根黄瓜顺长切，再斜切成片，从左向右排叠成荷叶叶边；将蒜苗表面用雕刻刀修成倒刺形作为荷叶的藤蔓；用土豆泥摆出莲藕的初坯；将白萝卜修成长方块，切薄片拼摆在莲藕表面，用发菜扎出藕节部分；用白萝卜修成椭圆片状，切片摆成荷花状，在荷叶尖处涂抹一点果酱作为装饰。

③将青萝卜修成长的鸡心形切片摆在鸳鸯尾部；用南瓜修成两个长的鸡心形切片相对着摆成鸳鸯的翅膀尖部；用心里美萝卜修成两个长的鸡心形切片摆成鸟的翅中部分；用南瓜修成两个鸡心形切片摆放成翅根部分；用白萝卜修成长方形薄片，切片摆放在鸳鸯的腹部；用白萝卜和胡萝卜雕刻成鸳鸯的头部和鸟冠；用仿真眼作鸳鸯的眼睛。第二只鸳鸯的制作手法和第一只相同，原料可以自由搭配。

④将白萝卜、心里美萝卜修成圆柱形长条，斜切成薄片，拼摆成假山形；将红肠、蒜蓉肠、鸡蛋干斜切成薄片摆成假山形备用；将胡萝卜雕刻成宝塔形，宝塔摆放在群山后面，在盘子的一侧再摆放一些虾仁，假山四周点缀一些西蓝花。

⑤将琼脂放入水中熬制，待其融化冷却，放到盘子中形成水面，再用雕刻刀在青萝卜上雕刻字体，取出，摆在盘子上。

【制作要点】

①原料的初加工要符合拼摆制作的要求。

②在制作过程中要做到刀工精细，刀距等达到一定的要求。

③整体拼盘在设计时注意，荷叶制作要有一定的动态飘逸感觉。

④荷叶的高度要超过鸳鸯。

⑤注意雌、雄鸳鸯的形态区别与特征。

【制作特点】此造型以艺术布局手法和高超的拼摆技法，妙不可言。碧叶情鸟构成了诗情画意，造型中尤其是并蒂莲与荷叶下的一对鸳鸯，得体和谐，更点明人们生活中自古以来永恒的主题——爱情。此情此景给婚宴倍增美满愉快的气氛。

鸳鸯戏水

【用料规格】白萝卜、红肠、蒜蓉肠、冬瓜、南瓜、心里美萝卜、胡萝卜、香干、鸡蛋干、黄瓜、皮蛋肠、葱椒鸡丝等。

【工艺流程】初坯→鸳鸯的拼摆→荷花的拼摆→小桥的拼摆→假山的制作。

【制作方法】

①初坯。将葱椒鸡丝堆码成鸳鸯的初坯。

②鸳鸯的拼摆。将胡萝卜修成长的鸡心形切片摆在鸳鸯尾部；用黄瓜修成两个长的鸡心形切片相对着摆成鸳鸯的翅尖；用心里美萝卜修成两个长的鸡心形切片摆成鸳鸯翅中；用南瓜修成两个鸡心形切片摆放成翅根；用白萝卜修成长方形薄片，切片摆放在鸳鸯的腹部；用心里美萝卜修成小圆柱切薄片粘在翅根作为羽毛；用白萝卜、胡萝卜、心里美萝卜雕刻成鸳鸯的头部和鸟冠；用仿真眼做鸳鸯的眼睛。第二只鸳鸯的制作方法和第一只相同，原料花色可以自行搭配。

③荷花的拼摆。用胡萝卜雕刻成莲蓬备用；用白萝卜修成荷花的花瓣形状，保持中间厚四周薄，用刀将白萝卜的中间划开，两头不能断开，依次从外向里摆放成荷花的样子，再将莲蓬放在荷花的中间，完整的荷花就已经成形，在荷花的下方放几个用皮蛋肠修成的小假山；将整黄瓜顺长切半，修成水滴形切片，从左向右排叠成荷叶，摆放在荷花的四周，用心里美萝卜雕刻两只小鱼放边上点缀装饰。

④小桥的拼摆。用南瓜修整出小桥的基本形状，香干修成长方块切薄片拼摆在桥面上；用黄瓜修成桥的围栏摆放在桥的两侧。

⑤假山的制作。上方假山由白萝卜、蒜蓉肠、红肠修成圆柱形长条，斜切成薄片，拼摆成假山；将冬瓜修成三角形切薄片摆放在假山四周；将心里美萝卜修成柳叶形切片摆放在红肠下方，将心里美萝卜切丝，白蛋糕修成长方薄片，白蛋糕包裹住心里美萝卜丝，斜切成菱形，拼摆在一起，成为小花状。将小花拼摆在白萝卜的假山周围起到点缀装饰作用，假山要和桥梁靠在一起，桥梁的另一侧白萝卜和鸡蛋干雕刻成假山放在桥的边缘，下方假山蒜蓉肠和白萝卜、冬瓜修成圆柱和长块切薄片拼摆成假山，放在盘子的左下侧；雕刻刀在冬瓜皮上雕刻出小草作为装饰，再用白萝卜卷心里美萝卜的小花作为点缀，盘子的右下方冬瓜和白萝卜以及皮蛋肠修成长方块，要求一头大、一头小，切薄片拼摆成假山，用冬瓜皮制成的小草作为点缀。

【制作要点】

①原料的初加工要符合拼摆制作的要求。

②在制作过程中要做到刀工精细，刀距等达到一定的要求。

③注意荷叶与鸳鸯之间的比例。

④注意雌、雄鸳鸯的形态区别与特征。

【制作特点】鸳鸯形态逼真，四目相对，一往情深，画面优雅，入情入味。婚喜宴席用此造型，平添无限情趣。

 # 任务4　迎宾类主题冷盘

[学习目的]

通过本任务的学习，要求学生对迎宾类主题冷盘的设计和制作有基本的了解和认知。

[教学方法]

示范、讲授、情境教学、图片展示、任务驱动。

[任务驱动]

迎宾类主题冷盘作为主题冷盘的一个组成部分，学生首先要明白该类冷菜的主题，以及如何把握该类主题冷盘的设计主题要点和制作过程中的技术要素。

[课程思政拓展点]

诚信意识

案例　菜肴出品不偷工减料，不缺斤少两。

[知识链接]

累累硕果

【用料规格】心里美萝卜、青萝卜、红肠、虾仁、黄蛋糕、皮蛋肠、五香牛肉、莴苣、水果黄瓜、西蓝花、方火腿、胡萝卜、鸭脯肉等。

【工艺流程】果篮的制作→围碟的制作→假山的制作→雕刻字体。

【制作方法】

①果篮的制作。将青萝卜、胡萝卜修成长条状，先将果篮大致造型摆出，用青萝卜皮和胡萝卜皮均匀地摆出篮子的造型，用黄蛋糕做底；将心里美萝卜切成薄片均匀地堆码在篮子上；上方的火龙果用土豆泥垫出初坯，将心里美萝卜修成水滴片，拉出刀纹拼摆成火龙果的叶子，摆放时注意交叉摆放；将莴苣和胡萝卜切成片，少许进行点缀；将黄蛋糕捏成香蕉形状，刷油使其更加逼真；用土豆泥制作成杨桃的初坯，将胡萝卜雕刻出的杨桃拼接在杨桃上；将青萝卜和胡萝卜修成长条形薄片，拼摆出杨桃的果实，交叉拼摆时颜色搭配要巧妙；皮蛋肠用雕刻刀雕成圆形做葡萄，构思巧妙使人眼前一亮；少许的青萝卜皮雕刻成叶子在果篮中有点缀效果。

②围边的制作：将莴苣、心里美萝卜、红肠、蒜蓉肠修成圆柱形斜切成椭圆形薄片，拼摆。

③假山的制作。按照从上向下的顺序拼摆在一起，保持假山和假山之间的间距相同；用少许的五香牛肉和鸭脯肉切薄片摆放在假山下边，虾仁叠摆在心里美萝卜边上；将方火腿和莴苣修成长方块，切薄片拼摆在盘子最下侧；用少许的西蓝花和青萝卜皮雕刻成叶子进行点缀。

④雕刻字体。用青萝卜雕刻成字放在盘子的右上角，使其结构更加完整，突出主题。

【制作要点】

①篮身的形态要饱满，篮口要翻卷，其高度要比篮身高。

②篮身的刀面排列整齐、层次分明。

③果篮颜色搭配要合理，相对篮子要显得突出。

④原料加工要符合整个操作要求。

【制作特点】构图巧妙，新颖别致，篮中火龙果、桃子、杨桃、葡萄多种水果的呈现使果篮的造型更加突出，且颜色搭配和谐没有突兀之处。围边的制作和果篮上下呼应，不显沉闷，少许的黄色在盘子中也显得格外亮眼和谐。

锦绣花篮

【用料规格】黄蛋糕、虾仁、蒜蓉肠、胡萝卜、心里美萝卜、莴苣、黄瓜、南瓜、青萝卜、红肠、白萝卜、土豆泥、西蓝花、酱油等。

【工艺流程】堆码篮身的初坯→篮身的制作→各种水果的制作→围碟的制作→小鸟的制

作→假山的制作。

【制作方法】

①堆码篮身的初坯。用黄蛋糕做底后切片制作篮身。

②篮身的制作。将白萝卜泡酱油后编制成竹篮状；白萝卜用雕刻刀修成竹篮筐架，摆放在竹篮的初坯上。

③水果的制作。用土豆泥捏成橙子、玉米、柠檬、洋葱等水果的初坯；将胡萝卜修成长方形条切片放在橙子、玉米、柠檬、洋葱等水果初坯上，制作出的各种水果放在篮子中；将青萝卜皮雕刻成叶子放在两侧点缀。

④围碟的制作。将莴苣、红肠、蒜蓉肠修成圆柱形，斜切成椭圆形薄片，拼摆成假山状，按照从上往下的顺序拼摆在一起，保持假山和假山之间的间距相同；将虾仁摆放在假山旁边；将胡萝卜切丝，白萝卜切薄片泡盐水，用白萝卜薄片包裹萝卜丝成一个圆柱形；将裹好的萝卜丝斜切成菱形，在横截面拼摆在一起成小花；点缀在假山右侧，少许的青萝卜雕刻的小草以及西蓝花围在最下边综合颜色。

⑤小鸟的制作。将胡萝卜分别修成羽毛状，从后向前排叠作鸟尾部的羽毛；将心里美萝卜切成柳叶形片拼摆成鸟尾；将心里美萝卜制作的小片和胡萝卜制作的羽毛镶在一起，再用带绿皮的心里美萝卜修成两个长条的鸡心形，切成薄片拼摆在心里美萝卜制作的小片上作为鸟的翅膀，再用青萝卜修成小圆柱形，切圆形薄片，附在鸟翅上；用南瓜修成较长的柳叶形拼在鸟脖子上，使鸟脖子的羽毛覆盖住青萝卜以及最底层的心里美萝卜；用胡萝卜分别雕出鸟头和鸟爪，附在鸟的身上，用仿真眼作为鸟的眼睛。

【制作要点】

①篮身的形态要饱满，篮口要翻卷，其高度要比篮身高。

②篮身的刀面排列整齐、层次分明。

③颜色搭配要合理，要突出水果颜色。

④原料加工要符合整个操作要求。

【制作特点】果篮造型轻盈，外口略带立体状翻卷，颇具灵气；篮口各色水果，盈盈欲滴观之有满溢之感，堪称果篮类冷盘造型中的佳作。用以欢迎贵宾尤其显得高贵、庄重。

 任务5　其他类主题冷盘

[学习目的]

通过本任务的学习，要求学生对其他类型主题冷盘的设计和制作有基本的了解和认知。

[教学方法]

示范、讲授、情境教学、图片展示、任务驱动。

[任务驱动]

除了几类常用的主题冷盘，其他类型的主题冷盘也可作为主题冷盘的一个重要组成部分，也是学生的必修内容。该任务的学习首先要明白不同类型冷盘的主题，以及如何把握其主题冷盘的设计主题要点和制作过程中的技术要素。

[课程思政拓展点]

集体意识

案例 遇到复杂的冷拼作品时大家互帮互助，整个厨房是一个集体，大家要有集体意识，互帮互助。

[知识链接]

和平天使

【用料规格】白蛋糕、青萝卜、心里美萝卜、胡萝卜、红肠、黄蛋糕、黄瓜、芋头、方火腿、黑芝麻粒、白萝卜、西蓝花、少许食用颜料等。

【工艺流程】鸽子的制作→花卉的制作→假山的制作。

【制作方法】

①鸽子的制作。取一块白蛋糕，用雕刻刀将白蛋糕加工成鸽子身体状，按照同样的方法做出一个小鸽子身体备用。将白蛋糕切成柳叶形片，拼摆成鸽子的翅膀和尾巴。取一根胡萝卜，加工成鸽子的嘴、脚，再取两颗黑芝麻粒作鸽子的眼睛。将较大的鸽子摆放于盘子中间，较小的一只摆在尾巴后面。

②花卉的制作。取一根芋头，用雕刻刀雕成花纹柱子状，摆放在盘子左侧。取出一些白蛋糕擀成薄皮捏成牡丹花状后用黄蛋糕和心里美萝卜做花蕊，再用准备好的食用颜料均匀地涂抹在用白蛋糕制作成的花上，接着用青萝卜皮雕刻成叶子进行点缀。西瓜雕刻成党旗围在柱子旁边。

③假山的制作。将黄蛋糕打底，红肠、胡萝卜、黄瓜、心里美萝卜修成圆柱形，斜切成椭圆形薄片，拼摆成假山状，按照从上向下的顺序拼摆在一起，保持假山和假山之间的间距相同；将胡萝卜切丝，白萝卜切薄片泡盐水，用白萝卜薄片包裹住萝卜丝呈圆柱形；将包好的萝卜丝斜切成菱形，在横截面拼摆在一起成小花，将小花拼摆在假山左侧，方火腿用戳刀雕刻成假山，放在鸽子下方；放置平稳后再均匀地用刷油少许的西蓝花进行点缀。

【制作要点】

①原料的初加工要符合拼摆制作的要求。

②在制作过程中要做到刀工精细，刀距等达到一定的要求。

③鸽子的形态逼真，制作时，两只翅膀一前一后，有飞翔飘逸的感觉。

④注意鸽子的形态特征，要饱满，其颈稍短，头相对较小。

【制作特点】鸽子向来被世人视为和平的象征。此造型中鸽子两翅舒展，健壮有力，在空中自由飞翔。鲜花和旗帜的衬托有一种开阔的感觉和宁静的氛围，更增添了和平、美好、光明的意境。

思念

【用料规格】虾仁、鸭脯肉、五香牛肉、白蛋糕、欧芹、白萝卜、胡萝卜、黄蛋糕、黄瓜、心里美萝卜、青萝卜、方火腿、海苔、柠檬等。

【工艺流程】堆码假山的初坯→假山的拼摆→排叠假山的底部→花卉的拼摆与制作→蝴蝶的制作。

【制作方法】

①方火腿泡上料汁使其变黑后用雕刻刀雕刻成楼阁状，再用青萝卜皮修成水滴形切片，拼摆成大片芭蕉叶子形为下边的花朵做准备。

②用白蛋糕修成水滴形切片拼摆捏成喇叭花，胡萝卜做花蕊，全都准备好之后一次从上向下摆放，要求错落有致，不凌乱。

③黄蛋糕做底，黄瓜、胡萝卜、柠檬、鸭脯肉、五香牛肉切成大小均匀的片一次码好摆放。海苔包裹住糯米切断进行点缀；青萝卜皮雕刻成叶子和少须虾仁，将欧芹点缀在假山上，使其看上去更加和谐。

④蝴蝶的制作则是用白蛋糕做底，心里美萝卜、白萝卜、青萝卜切成薄片均匀摆放成蝴蝶的翅膀。蝴蝶的身体和触须分别用心里美萝卜和黄瓜丝做成。

【制作要点】

①原料的初加工要符合拼摆制作的要求。

②制作过程中要做到刀工精细，刀距等达到一定的要求。

③拼摆假山时要体现山坡的丰满。

④拼摆过程中要体现山坡的层次感。

⑤花朵的制作要精细。

【制作特点】以太湖景色为题材，右边山坡以圆弧形原料拼摆而成。山坡柔和而延绵，白色花卉烘托了湖之春色，一只蝴蝶使整个画面、山、水、花更加浑然一体，江南太湖生机盎然的景象跃然盘中。

兰亭望月

【用料规格】琼脂、南瓜、黄瓜、胡萝卜、白萝卜、心里美萝卜、红肠、蒜蓉肠、莴苣、竹笋、青椒、虾等。

【工艺流程】水面的制作→小桥的拼摆→假山以及小亭的制作→装饰点缀。

【制作方法】

①水面的制作。将琼脂放入水中熬制，待其融化冷却后，放到盘子里即可形成水面。

②小桥的拼摆。用南瓜修整出小桥的基本形状，将南瓜修成长方块切薄片拼摆在桥面上；用胡萝卜修成桥的围栏摆放在桥的两侧。

③假山以及小亭的制作。小亭及左右的假山用白萝卜、黄瓜、心里美萝卜、红肠、蒜蓉肠、莴苣修成圆柱形长条，斜切成薄片，拼摆成假山状。将胡萝卜雕刻成宝塔状，宝塔摆放在群山中间，竹笋对半切开摆放在假山后，青椒切成丝围着假山，让假山和水面区分开来。另一侧的假山用莴苣、心里美萝卜、南瓜、胡萝卜修成圆柱形，斜切成椭圆形薄片，拼摆成假山形，按照从上向下的顺序拼摆在一起，保持假山和假山之间的间距相同，虾煮熟剥壳摆放在假山旁边，用胡萝卜雕刻一个更小的兰亭放于一侧。

④装饰点缀。将青椒和白萝卜雕刻成水草以及小鱼，放在水中作为装饰。

【制作要点】

①原料的初加工要符合拼摆制作的要求。

②制作过程中要做到刀工精细，刀距等达到一定的要求。

③拼摆时要注意整个布局的协调性。

④拼摆时要体现层次感。

【制作特点】以浙江绍兴兰亭为题材，构图巧妙，造型完整，景物有疏有密，浑然如画。兰亭是古代文人雅集之地，故此造型用于文人雅聚尤佳。

湖光春色

【用料规格】虾仁、白蛋糕、黄蛋糕、胡萝卜、黄瓜、心里美萝卜、青萝卜、欧芹、五香牛肉、琼脂、皮蛋肠、柠檬片等。

【工艺流程】水面的制作→花朵的制作→假山的制作。

【制作方法】

①水面的制作。将琼脂放入水中熬制，待其融化冷却后，放到盘子中即可形成水面。

②花朵的制作。将白蛋糕切成薄片整齐地码好，用胡萝卜作花蕊，黄瓜切成薄片放置于盐水中泡软作花茎和花叶；其余3朵花的制作分别是用心里美萝卜、胡萝卜切成薄片，用盐水泡软后均匀地码好；花蕊是用皮蛋肠切碎后点缀。

③假山的制作。将胡萝卜、五香牛肉、心里美萝卜、柠檬片切成大小均匀的薄片；用黄蛋糕作底将其均匀地码好放在上边，用些许欧芹和雕刻好的青萝卜皮进行点缀；将白萝卜切薄片裹上心里美萝卜丝放在假山旁做点缀，使其结构更加完整；用虾仁进行围边，使颜色更加丰富。

【制作要点】

①原料的初加工要符合拼摆制作的要求。

②在制作过程中要做到刀工精细，刀距等达到一定的要求。

③注意花朵的形态要逼真，有动态感觉。

【制作特点】花朵与假山相映成辉，各具特色，构成一幅湖光春色图。

兰亭小景

【用料规格】琼脂、南瓜、茶干、黄瓜、白萝卜、心里美萝卜、红肠、蒜蓉肠、莴苣、青椒、胡萝卜、虾仁、青萝卜、西蓝花、小竹笋等。

【工艺流程】水面的制作→小桥的拼摆→假山以及小亭的制作→装饰点缀。

【制作方法】

①水面的制作。将琼脂放入水中熬制，待其融化冷却后，放到盘子中即可形成水面。

②小桥的拼摆。用南瓜修整出小桥的基本形状，茶干修成长方块切薄片拼摆在桥面上；用黄瓜修成桥的围栏摆放在桥的两侧。

③假山以及小亭的制作。小亭及左右的假山用白萝卜、黄瓜、心里美萝卜、红肠、蒜蓉肠、莴苣修成圆柱形长条并斜切成薄片，拼摆成假山形；将胡萝卜雕刻成宝塔形，宝塔摆放在群山中间，小竹笋对半切开摆放在山的后面，青椒切成丝围着假山，让假山和水面区分开来。另一侧的假山用莴苣、心里美萝卜、南瓜、胡萝卜修成圆柱形，斜切成椭圆形薄片，拼摆成假山形，按照从上向下的顺序拼摆在一起，保持假山和假山的间距相同；摆放在假山旁边；将胡萝卜切丝，白萝卜切薄片泡盐水，用白萝卜薄片包裹住胡萝卜虾仁成一个圆柱形。用白萝卜薄片包裹住胡萝卜丝呈圆柱形，将包好的萝卜丝斜切成菱形，在横截面拼摆在一起成小花。泡好的白萝卜薄片点缀在假山左侧，周围装饰一些西蓝花即可。

④装饰点缀。将胡萝卜、青萝卜和白萝卜雕刻成水草，放在水中作为装饰。

【制作要点】

①原料初加工要符合拼摆制作要求。

②在制作过程中要做到刀工精细，刀距等达到一定的要求。

③拼摆时要注意整个布局的协调性。

④拼摆时要体现层次感。

【制作特点】以浙江绍兴兰亭为题材，构图巧妙，造型完整，景物有疏有密，浑然如画。

[评价方法]

主题冷盆设计与制作。

[评价内容]

祝寿主题冷盘、庆功主题冷盘、迎宾主题冷盘、节日主题冷盘和其他主题冷盘。

[思考与练习]

1. 任意选择主题，进行主题冷盘的设计。

2. 祝寿、庆功、迎宾、节日中任选一主题，进行主题冷盘的设计，并选择合适的原料进行主题冷盘的制作。

REFERENCES
参考文献

[1] 苏爱国.烹饪原料与加工工艺[M].2版.重庆：重庆大学出版社，2023.

[2] 文歧福，韦昔奇.冷菜与冷拼制作技术[M].北京：机械工业出版社，2011.

[3] 茅建民.冷菜工艺教程[M].北京：中国轻工业出版社，2009.

[4] 朱云龙.冷菜工艺[M].北京：中国轻工业出版社，2000.

[5] 阮礼增.冷菜制作[M].北京：清华大学出版社，2014.

[6] 周妙林，夏庆荣.冷菜、冷拼与食品雕刻技艺[M].2版.北京：高等教育出版社，2009.

[7] 朱云龙，吕新河.中国冷盘工艺[M].北京：中国纺织出版社，2021.

[8] 程礼安，金晓阳，王玉宝.冷菜工艺[M].杭州：浙江大学出版社，2022.

[9] 宫润华，程小敏.冷菜与冷拼工艺[M].北京：中国轻工业出版社，2022.

[10] 周煜翔.冷菜制作与艺术拼盘[M].2版.北京：旅游教育出版社，2022.

[11] 谢欣，孙录国，丁德龙.冷拼与盘饰技艺[M].武汉：华中科技大学出版社，2020.

[12] 牛京刚.冷菜[M].北京：高等教育出版社，2017.